T0198610

Mathematik Kompakt

 Birkhäuser

Mathematik Kompakt

Herausgegeben von:
Martin Brokate
Heinz W. Engl
Karl-Heinz Hoffmann
Götz Kersting
Kristina Reiss
Otmar Scherzer
Gernot Stroth
Emo Welzl

Die neu konzipierte Lehrbuchreihe *Mathematik Kompakt* ist eine Reaktion auf die Umstellung der Diplomstudiengänge in Mathematik zu Bachelor und Masterabschlüssen. Ähnlich wie die neuen Studiengänge selbst ist die Reihe modular aufgebaut und als Unterstützung der Dozierenden sowie als Material zum Selbststudium für Studierende gedacht. Der Umfang eines Bandes orientiert sich an der möglichen Stofffülle einer Vorlesung von zwei Semesterwochenstunden. Der Inhalt greift neue Entwicklungen des Faches auf und bezieht auch die Möglichkeiten der neuen Medien mit ein. Viele anwendungsrelevante Beispiele geben den Benutzern Übungsmöglichkeiten. Zusätzlich betont die Reihe Bezüge der Einzeldisziplinen untereinander.

Mit *Mathematik Kompakt* entsteht eine Reihe, die die neuen Studienstrukturen berücksichtigt und für Dozierende und Studierende ein breites Spektrum an Wahlmöglichkeiten bereitstellt.

Götz Kersting · Anton Wakolbinger

Stochastische Prozesse

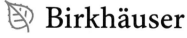 Birkhäuser

Götz Kersting
Fachbereich Informatik und Mathematik
Universität Frankfurt
Frankfurt, Deutschland

Anton Wakolbinger
Fachbereich Informatik und Mathematik
Universität Frankfurt
Frankfurt, Deutschland

ISBN 978-3-7643-8432-6   ISBN 978-3-7643-8433-3 (eBook)
DOI 10.1007/978-3-7643-8433-3
Springer Basel Dordrecht Heidelberg London New York

Die Deutsche Nationalbibliothek verzeichnet diese Publikation in der Deutschen Nationalbibliografie; detaillierte bibliografische Daten sind im Internet über http://dnb.d-nb.de abrufbar.

Mathematics Subject Classification (2010): 60-01, 60Gxx

Einbandentwurf: deblik, Berlin

Gedruckt auf säurefreiem und chlorfrei gebleichtem Papier

Springer Basel ist Teil der Fachverlagsgruppe Springer Science+Business Media
www.springer.com

Vorwort

Die Theorie der stochastischen Prozesse behandelt – kurz gesagt – Zufallsphänomene, die sich in der Zeit entwickeln; sie gehört zu den mathematisch anspruchsvollen Teilen der modernen Stochastik. Gleichzeitig hat sie sich als besonders anwendungsreich erwiesen, deswegen sollte sie auch schon im Bachelorstudium der Mathematik in einer vierstündigen Vorlesung angeboten werden.

Dieses Lehrbuch zeigt einen Weg auf, der direkt auf zentrale Inhalte eingeht und an fortgeschrittene Themen (wie etwa die Stochastische Analysis) heranführt. Auf dem begrenzten Raum können wir nur an ausgewählten Stellen in die Tiefe gehen, dabei stehen immer die probabilistischen Aspekte im Vordergrund. Damit geht einher, einen stochastischen Prozess nicht nur als eine Familie von Zufallsvariablen mit ein und demselben Wertebereich S aufzufassen, sondern auch als einen zufälligen Pfad, d. h. als *eine* Zufallsvariable mit Werten in einem Raum von S-wertigen Funktionen.

In Frankfurt hat es sich bewährt (nach einer *Elementaren Stochastik* im zweiten Semester) eine 4 + 2-stündige Lehrveranstaltung *Stochastische Prozesse* für das vierte Semester anzubieten, als Einstieg in die Vertiefungen in Stochastik bzw. Finanzmathematik – wobei auch die Option besteht, die *Stochastischen Prozesse* erst im Masterstudium zu wählen.

Das Buch baut auf Kenntnissen der Elementaren Stochastik auf und greift auf Hilfsmittel aus der Maß- und Integrationstheorie zurück, wie sie mittlerweile im dritten Semester des Bachelorstudiums Mathematik gelehrt werden. In diesem Sinne schließen wir an die beiden Lehrbücher *Elementare Stochastik* und *Maß und Integral* aus der Reihe *Mathematik Kompakt* an; sie werden im Text als [KeWa] und [BroKe] zitiert.

Ausgangspunkt des Textes ist die Theorie der bedingten Erwartungen und der Martingale, die die Stochastik in der zweiten Hälfte des 20. Jahrhunderts neu prägte; hier orientiert man sich an der Vorstellung eines fairen Spiels. Demgegenüber beschreiben Markovketten zufällige Entwicklungen, bei denen die bedingte Verteilung des zukünftigen Verlaufs nur vom gegenwärtigen Zustand abhängt. In kontinuierlicher Zeit steht die Brownsche Bewegung an erster Stelle. Zusammen mit den Poissonschen Punktprozessen und Lévyprozessen befindet sie sich an der Schnittstelle zwischen Martingalen und Markovprozessen. Ein abschließendes Kapitel beschäftigt sich mit zeitkontinuierlichen Markovprozessen und ihren Generatoren, bis hin zu Fellerprozessen.

Die Aufgaben am Ende der Kapitel sind von unterschiedlichem Schwierigkeitsgrad, viele werden von Hinweisen begleitet. Die Fußnoten enthalten kurze biografische Hinweise. Die Bibliografie nennt neben den im Text zitierten Werken einige weiterführende Bücher.

Das Buch bietet ausreichend Material für eine vierstündige Vorlesung. Für eine Auswahl quer über die Kapitel schlagen wir vor, zunächst die mit * markierten Abschnitte zu überspringen. Aus der Maß- und Integrationstheorie werden nur ganz grundlegende Sätze herangezogen, wie die Sätze von der monotonen und der dominierten Konvergenz (mit Referenzen auf [BroKe] an den Stellen, wo sie erstmalig benötigt werden). Damit kann das Lehrbuch auch z. B. für manche Studierende mit Nebenfach Mathematik nützlich sein.

Frankfurt am Main, im Juni 2014   Götz Kersting und Anton Wakolbinger

Inhaltsverzeichnis

Bedingte Erwartungen und Martingale

1

In der Ideenwelt der Stochastik nimmt die Vorstellung einer Wette einen prominenten Platz ein. Zum einen ist sie Anlass für eine Reihe von Begriffsbildungen. Dazu gehören bedingte Erwartungen und Martingale, die es ermöglichen, Spielsituationen, faire wie unfaire, zu erfassen und zu analysieren. Zum anderen ist es eine bewährte Methode der Wahrscheinlichkeitstheorie, Fragestellungen in den Griff zu bekommen, indem man sie auf Wettsituationen zurückführt. Der Begriff des Martingals durchdringt weite Bereiche der Wahrscheinlichkeitstheorie.

1.1 Ein Beispiel: Wetten auf ein Muster

Sei $(Z_1, Z_2, \dots)$ eine fortgesetzter fairer Münzwurf, d. h. die Zufallsvariablen Z_i sind unabhängig und nehmen jeweils mit Wahrscheinlichkeit $1/2$ die Werte K oder W an. Wir fragen nach dem Erwartungswert der Zufallsvariablen

$$R := \min \left\{ k \geq 1 : Z_k = K, Z_{k+1} = W, Z_{k+2} = K, Z_{k+3} = W \right\},$$

also der Anzahl von Würfen einschließlich dem, mit dem in $(Z_1, Z_2, \dots)$ zum ersten Mal das Muster $KWKW$ beginnt. R ist mit Wahrscheinlichkeit 1 endlich. Die Verteilung von R ist nicht ganz leicht zugänglich. Wir bestimmen nun den Erwartungswert von R, indem wir den Münzwurf mit einem Spiel in Verbindung bringen, bei dem verschiedene Spieler auf das Muster wetten (nach einer Idee von Shuo-Yen Li , Annals of Probability 8 (1980), 1171–1176).

Spieler 1 macht dies, indem er auf die Werte von Z_1, Z_2, Z_3, Z_4 setzt. Er gewinnt den Betrag 15, falls das Ereignis $\{Z_1 = K, Z_2 = W, Z_3 = K, Z_4 = W\}$ eintritt, sonst hat er den Verlust -1 zu verzeichnen. Genauer geht er so vor: Erst setzt er auf das Ereignis $Z_1 = K$

G. Kersting, A. Wakolbinger, *Stochastische Prozesse*, Mathematik Kompakt,
DOI 10.1007/978-3-7643-8433-3_1, © Springer Basel 2014

den Betrag 1, den er gewinnt oder verliert, je nachdem ob $Z_1 = K$ eintritt oder nicht. Im Verlustfall ist das Spiel für ihn zu Ende, falls er aber gewinnt, fährt er fort und setzt nun den Betrag 2 auf $Z_2 = W$. Jeweils im Erfolgsfall bleibt er im Spiel und setzt dann 4 auf $Z_3 = K$ und schließlich 8 auf $Z_4 = W$. Offenbar handelt es sich um eine faire Spielsituation, nicht nur zum Spielende, sondern auch jederzeit während der 4 Spielrunden. Dies würde sich auch nicht durch einen vorzeitigen Spielabbruch ändern. In der Stochastik sagt man, dass $(X_{1,0}, X_{1,1}, X_{1,2}, \ldots)$ ein *Martingal* ist, wobei $X_{1,n}$ den akkumulierten Spielgewinn nach n Münzwürfen bezeichne (insbesondere $X_{1,0} = 0$). Diesen Begriff des Martingals werden wir später formal entwickeln.

Weiter betrachten wir für jede natürliche Zahl m einen neuen Spieler, der unmittelbar vor dem m-ten Münzwurf ins Spiel eintritt und nach demselben Schema setzt, also darauf, dass das Muster $KWKW$ für die Münzwürfe $Z_m, Z_{m+1}, Z_{m+2}, Z_{m+3}$ eintritt. Seinen Spielgewinn nach n Münzwürfen bezeichnen wir mit $X_{m,n}$ (also ist $X_{m,0} = \cdots = X_{m,m-1} = 0$).

Dann ist für jedes $m \geq 1$ die Folge $(X_{m,0}, X_{m,1}, X_{m,2}, \ldots)$ ein Martingal, und auch

$$X_n := \sum_{m=1}^{\infty} X_{m,n}\,, \quad n = 0, 1, \ldots\,,$$

die summierten Gewinne und Verluste aller Spieler in Runde n. Dabei beachten wir, dass in diesen Summen nur die ersten n Summanden ungleich 0 sein können, sodass X_n endlich ist. Unser Argument ist nun, dass auch bei einer Spielunterbrechung nach einer zufälligen Zahl von Münzwürfen der faire Charakter des Martingals $(X_0, X_1, X_2, \ldots)$ nicht verloren geht. Dabei können wir das Spiel nicht nach R Münzwürfen abbrechen – dann müssten wir nämlich mit einem Blick in die Zukunft erkennen, dass die nächsten 3 Münzwürfe das Muster $KWKW$ vervollständigen –, wohl aber nach $R + 3$ Würfen, nach dem ersten Auftreten des Musters. Man sagt, dass $R + 3$ eine *Stoppzeit* ist (auch dieser Begriff wird später formal definiert). Wir folgern, dass die Gleichung

$$\mathbf{E}[X_{R+3}] = \mathbf{E}[X_0] \tag{1.1}$$

gilt. Nun haben zum Zeitpunkt $R+3$ die meisten Spieler den Verlust -1. Nur der Spieler mit der Nummer R hat alle 4 Runden erfolgreich überstanden, außerdem noch in Anbetracht des Musters $KWKW$ der Spieler mit der Nummer $R + 2$ die ersten 2 Runden. Daher gilt

$$X_{R+3} = X_{1,R+3} + \cdots + X_{R+3,R+3} = (R-1) \cdot (-1) + 15 - 1 + 3 - 1 = -R + 17$$

und folglich $\mathbf{E}[X_{R+3}] = 17 - \mathbf{E}[R]$. Wegen $\mathbf{E}[X_{R+3}] = \mathbf{E}[X_0] = 0$ ist unser Endresultat

$$\mathbf{E}[R] = 17\,.$$

Aber Vorsicht! Betrachten wir ein anderes, mit dem Münzwurf $(Z_1, Z_2, \ldots)$ verbundenes Spiel, bei dem ein Spieler vor dem n-ten Wurf den Betrag 2^{n-1} setzt, den er bei Kopf gewinnt und bei Wappen verliert. Nun bezeichne X_n, $n \geq 0$, den akkumulierten Spielgewinn nach n Würfen und T den Zeitpunkt des ersten Kopfwurfes. Dann ist T eine Stoppzeit, und es gilt

$$X_T = -1 - 2 - 4 - \cdots - 2^{T-2} + 2^{T-1} = 1,$$

also $\mathbf{E}[X_T] = 1 \neq 0 = \mathbf{E}[X_0]$. Hier versagt unser Argument! Wir sehen, dass die Gültigkeit von (1.1) noch zusätzlicher Überlegungen bedarf. Wir kommen darauf im zweiten Beispiel nach Satz 1.8 zurück.

Ursprünglich stand der Begriff Martingal synonym für ein Spielsystem, dann speziell auch für die soeben beschriebene Strategie, die Einsätze bis zum ersten Erfolg schrittweise zu verdoppeln.[1] Dies scheint auf einen narrensicheren Gewinn hinauszulaufen, ist aber aufgrund des zwischenzeitlich enormen Verlustes von der Größe $X_{T-1} = 1 - 2^{T-1}$ höchst riskant und unter Spielern verrufen. Unsere spätere mathematische Definition von Martingalen abstrahiert von jeglicher konkreten Ausprägung solcher Strategien.

1.2   Bedingte Erwartungen: Anschauliche Ansätze

Eine *bedingte Erwartung* kann man anschaulich als fairen Einsatz bei einer Wette auffassen. Mit dieser Interpretation wollen wir uns nun genauer auseinandersetzen.

Stellen wir uns vor, dass sich eine Wette (etwa auf den Ausgang eines Fußballspiels) übermorgen entscheidet. Der Ablauf ist so: Wenn wir heute setzen, erhalten wir bei einem Einsatz y übermorgen eine Auszahlung X von zufälliger Größe – und bei einem Einsatz yz die Auszahlung Xz. Die Größe z gibt an, in welchem Umfang wir in die Wette einsteigen. Es bezeichnen also y, z reelle Zahlen und X eine reellwertige Zufallsvariable, für die wir einen endlichen Erwartungswert annehmen. Für welchen Wert von y handelt es sich dann um eine faire Wette? Man ist sich einig, dass dafür

$$y = \mathbf{E}[X]$$

die richtige Wahl ist. An dieser Interpretation des Erwartungswertes wollen wir uns hier orientieren.

Stellen wir uns weiter vor, dass wir mit unserem Einsatz auch noch bis morgen warten dürfen, sodass sich für uns die Möglichkeit ergibt, neue Informationen (etwa über die Aufstellung der Mannschaften) abzuwarten, die für die Wette von Bedeutung sind. Dann sind die Zahlen y, z durch reellwertige Zufallsvariablen Y, Z zu ersetzen: Erst morgen machen wir den Einsatz YZ und erhalten übermorgen die Auszahlung XZ. In welchem Umfang Z

---

[1] Zur farbigen Ethymologie des Begriffes siehe Roger Mansuy, The origins of the word "Martingale", Electronic Journal for History of Probability and Statistics 5, 2009, http://www.jehps.net.

wir uns an der Wette beteiligen werden, ist aus heutiger Sicht noch zufällig. Auch wird der morgige faire Einsatz Y nun zufällig, er hängt davon ab, wie sich die Umstände entwickeln.

Beispiel
Sei $X = V + W$, mit zwei unabhängigen reellwertigen Zufallsvariablen V, W. Dann ist $y = \mathbf{E}[V] + \mathbf{E}[W]$. Stellen wir uns nun vor, dass wir morgen den Wert von V erfahren, sonst aber keine weiteren Informationen erhalten. Dann wird man $Y = V + \mathbf{E}[W]$ setzen. Aufgrund der Unabhängigkeit ergibt sich aus der Kenntnis des Wertes von V kein Anhaltspunkt über den Wert von W.

Wir wollen Y analog zu y charakterisieren. Dazu gehen wir von der Gleichung $y = \mathbf{E}[X]$ bzw. $yz = \mathbf{E}[Xz]$ über zu der Gleichung

$$\mathbf{E}[YZ] = \mathbf{E}[XZ], \qquad (1.2)$$

die bei einer fairen Wette für all diejenigen reellwertigen Zufallsvariablen Z zu fordern ist, deren Werte morgen feststehen. Dabei nehmen wir an, dass Z beschränkt ist, damit die Erwartungswerte wohldefiniert sind. Speziell für $Z = 1$ erhalten wir

$$\mathbf{E}[Y] = \mathbf{E}[X],$$

diese Bedingung ist aber nur eine unter vielen.

Es stellen sich Fragen: Ist mit diesen Gleichungen nun auch Y durch X festgelegt? Und wie erfasst man formal den Sachverhalt, dass der Wert der Zufallsvariablen Y, Z schon morgen feststeht, der von X aber erst übermorgen? Bevor wir darauf eingehen, überzeugen wir uns in einem Beispiel, dass wir auf der richtigen Spur sind.

Beispiel
Seien V, X zwei reellwertige Zufallsvariable. Um technische Details auszublenden, nehmen wir hier an, dass beide nur endlich viele Werte annehmen. Man kann dann von der Formel

$$\mathbf{P}(V = a, X = b) = \mathbf{P}(V = a)P_{ab}$$

ausgehen (also von der Vorstellung eines zweistufigen Experiments, in dem erst der Wert von V und dann der Wert von X entsteht, s. [KeWa, Abschn. 14], mit den Übergangswahrscheinlichkeiten $P_{ab} = \mathbf{P}(X = b \mid V = a)$. Man setzt dann

$$\mathbf{E}[X \mid V = a] = \sum_b b P_{ab} \, .$$

und $Y = \mathbf{E}[X \mid V]$ als die Zufallsvariable

$$Y = \sum_b b P_{Vb}$$

Gilt nun $Z = \varphi(V)$ mit einer beschränkten reellen Funktion φ, so folgt

$$\mathbf{E}[\varphi(V)Y] = \sum_a \Big(\varphi(a)\sum_b bP_{ab}\Big)\mathbf{P}(V = a)$$
$$= \sum_a \sum_b \varphi(a)b\mathbf{P}(V = a, X = b) = \mathbf{E}[\varphi(V)X],$$

also $\mathbf{E}[YZ] = \mathbf{E}[XZ]$.

Dies bedeutet, dass sich (1.2) mit elementaren Ansätzen zur bedingten Erwartung verträgt.

Wir wenden uns nun dem mathematischen Formalismus zu, in dem man diese Fragen behandelt. Allen unseren Überlegungen liegt ein Ereignisfeld $\mathcal{F}$ zugrunde, dass man üblicherweise als σ-Algebra von Teilmengen eines Grundraums Ω wählt. Weiter ist auf diesem Ereignisfeld ein Wahrscheinlichkeitsmaß $\mathbf{P}$ gegeben ([BroKe], Kapitel II und III).

1.3   Teilfelder und eingeschränkte Information

Definition

Eine Teilmenge $\mathcal{G}$ des Ereignisfeldes $\mathcal{F}$ heißt *Teilfeld* von Ereignissen, falls gilt:

(i) $\mathcal{G}$ enthält das sichere Ereignis E_s,
(ii)   mit $E \in \mathcal{G}$ gilt auch $E^c \in \mathcal{G}$,
(iii)   mit $E_1, E_2, \ldots \in \mathcal{G}$ gilt $\bigcup_{k\geq 1} E_k \in \mathcal{G}$.

Dann gehört auch $\bigcap_{k\geq 1} E_k = \big(\bigcup_{k\geq 1} E_k^c\big)^c$ und das unmögliche Ereignis $E_u = E_s^c$ zu $\mathcal{G}$.

Teilfelder spielen in der Stochastik eine wichtige Rolle. Mit ihnen wird der unterschiedliche Stand von Information ausgedrückt. Man kann sich z. B. vorstellen, dass das Teilfeld $\mathcal{G}$ alle Ereignisse umfasst, deren Eintreten oder Nichteintreten sich bis zu einem gewissen Zeitpunkt entscheidet (bis morgen, wenn unser Wetteinsatz fällig wird). Oder man verbindet mit $\mathcal{G}$ anschaulich eine Person mit eingeschränktem Überblick, die sich nur vom Eintreten oder Nichteintreten der Ereignisse aus $\mathcal{G}$ vergewissern kann. Zu einem Insider würde dann ein besonders umfangreiches Teilfeld gehören.

Beispiele

1. Das kleinste Teilfeld ist $\{E_u, E_s\}$. Nicht viel größer ist das Teilfeld

$$\mathcal{G} = \{E \in \mathcal{F} : \mathbf{P}(E) = 0 \text{ oder } 1\}$$

aller Nullereignisse und ihrer Komplemente; es steht für den Zustand völliger Uninformiertheit. (Übung: Zeigen Sie, dass $\mathcal{G}$ ein Teilfeld ist.)

2. Der Durchschnitt $\bigcap_{n\geq 1} \mathcal{G}_n$ von (endlich oder unendlich vielen) Teilfeldern $\mathcal{G}_n$ ist wieder ein Teilfeld, im Allgemeinen jedoch nicht ihre Vereinigung (Übung). Das kleinste Teilfeld $\mathcal{G}$, das alle $\mathcal{F}_n$ umfasst, schreiben wir als

$$\mathcal{G} = \bigvee_{n\geq 1} \mathcal{G}_n .$$

3. Eine Folge $E_1, E_2, \ldots$ disjunkter Ereignisse heißt eine *Partition* des sicheren Ereignisses E_s, falls $\bigcup_{k\geq 1} E_k = E_s$ gilt. Dann ist

$$\mathcal{G} = \left\{ \bigcup_{k\in B} E_k : B \subset \mathbb{N} \right\}$$

das kleinste Teilfeld, das alle $E_1, E_2, \ldots$ enthält (Beweis!). Es steht für einen Beobachter, der feststellen kann, welches der Ereignisse $E_1, E_2, \ldots$ eintritt.

4. Sei V eine reellwertige Zufallsvariable. Dann ist

$$\sigma(V) = \left\{ \{V \in B\} : B \subset \mathbb{R} \text{ ist Borelmenge} \right\}$$

ein Teilfeld, denn

$$\{V \in \mathbb{R}\} = E_s , \quad \{V \in B\}^c = \{V \in B^c\} , \quad \bigcup_{k\geq 1}\{V \in B_k\} = \left\{ V \in \bigcup_{k\geq 1} B_k \right\} .$$

Es heißt das *von V erzeugte Teilfeld*. Anschaulich steht es für eine Person, die den Wert von V beobachten kann.

5. Allgemeiner ist das von den reellwertigen Zufallsvariablen $V_1, \ldots, V_n$ erzeugte Teilfeld gegeben durch

$$\sigma(V_1, \ldots, V_n) = \left\{ \{(V_1, \ldots, V_n) \in B\} : B \subset \mathbb{R}^n \text{ ist Borelmenge} \right\} .$$

Es ist gleich $\sigma(V_1) \vee \cdots \vee \sigma(V_n)$, dem kleinsten Teilfeld, das $\sigma(V_1), \ldots, \sigma(V_n)$ umfasst.

Definition

Sei $\mathcal{G}$ ein Teilfeld. Eine reellwertige Zufallsvariable X heißt $\mathcal{G}$-*messbar*, falls $\sigma(X) \subset \mathcal{G}$, falls also

$$\{X \in B\} \in \mathcal{G}$$

für alle Borelmengen $B \subset \mathbb{R}$ gilt.

Diese Definition lässt sich intuitiv so umschreiben: Steht $\mathcal{G}$ für den Informationsgrad einer Person, so kann diese auch angeben, welchen Wert X annimmt.

Beispiel
Sei $\mathcal{G} = \sigma(V)$ und $X = h(V)$ mit einer messbaren Funktion X. Dann ist X eine $\mathcal{G}$-messbare Zufallsvariable, denn

$$\{X \in B\} = \{V \in h^{-1}(B)\} \in \sigma(V) .$$

Für reellwertige Zufallsvariable kann man umgekehrt zeigen, dass jede $\sigma(V)$-messbare Zufallsvariable von der Gestalt $X = h(V)$ ist (Aufgabe 2 in Abschn. 1.10).

1.4 Bedingte Erwartungen: Definition, Beispiele, Rechenregeln

Unsere heuristischen Überlegungen zu fairen Spielen rund um Formel (1.2) und zur Rolle von Teilfeldern führen in natürlicher Weise zu der folgenden Definition.

Definition

Sei X eine integrierbare Zufallsvariable und sei $\mathcal{G}$ ein Teilfeld. Als *bedingte Erwartung von X, gegeben $\mathcal{G}$*, kurz $\mathbf{E}[X \mid \mathcal{G}]$, bezeichnet man jede integrierbare Zufallsvariable Y mit den Eigenschaften

(i) Y ist $\mathcal{G}$-messbar,

(ii) $\mathbf{E}[YZ] = \mathbf{E}[XZ]$ für jede beschränkte, $\mathcal{G}$-messbare Zufallsvariable Z.

Ist $\mathcal{G}$ das von Zufallsvariablen $V_1, \ldots, V_n$ erzeugte Teilfeld $\sigma(V_1, \ldots, V_n)$, so schreiben wir für die bedingte Erwartung auch $\mathbf{E}[X \mid V_1, \ldots, V_n]$ und sprechen von der *bedingten Erwartung von X, gegeben $V_1, \ldots, V_n$*.

Die Beschränktheit der Zufallsvariablen Z garantiert, dass die Erwartungswerte wohldefiniert sind. Speziell für Ereignisse $E \in \mathcal{G}$ schreibt sich Bedingung (ii) als

$$\mathbf{E}[Y; E] = \mathbf{E}[X; E],$$

dabei benutzen wir die Schreibweise

$$\mathbf{E}[X; E] := \mathbf{E}[X I_E]$$

mit der Indikatorvariablen I_E des Ereignisses E.

Bedingte Erwartungen existieren immer, der Beweis ist nicht selbstverständlich (s. [BroKe], S. 86). Wir werden später einen Beweisansatz sehen. Die Frage der Eindeutigkeit lässt sich einfacher klären. Sie gilt im Sinne der fast sicheren Gleichheit (wie üblich schreiben wir *f.s.* für *fast sicher*). Dazu benutzen wir den folgenden Sachverhalt.

Lemma 1.1 *Seien Y_1, Y_2 integrierbare, $\mathcal{G}$-messbare Zufallsvariable. Falls dann für alle $E \in \mathcal{G}$ die Ungleichung*

$$\mathbf{E}[Y_1; E] \le \mathbf{E}[Y_2; E]$$

erfüllt ist, folgt $Y_1 \le Y_2$ f.s. Gilt für alle $E \in \mathcal{G}$ Gleichheit dieser beiden Erwartungswerte, so folgt $Y_1 = Y_2$ f.s.

Beweis Sei E das Ereignis $\{Y_1 > Y_2\}$. Dann gilt $(Y_1 - Y_2)I_E \geq 0$. Andererseits gilt nach Voraussetzung $E \in \mathcal{G}$ und infolgedessen

$$\mathbf{E}[(Y_1 - Y_2)I_E] = \mathbf{E}[Y_1; E] - \mathbf{E}[Y_2; E] \leq 0 \,.$$

Nach einer wichtigen Eigenschaft des Erwartungswertes ([BroKe], Satz IV.2) ergibt sich $(Y_1 - Y_2)I_E = 0$ f.s. und damit $I_E = 0$ f.s. Dies ergibt die erste Behauptung. Im Fall der Gleichheit der Erwartungswerte folgt auch $Y_2 \leq Y_1$ f.s., also $Y_1 = Y_2$ f.s.   □

Sind insbesondere Y_1 und Y_2 zwei bedingte Erwartungen von X gemäß obiger Definition, so gilt für $E \in \mathcal{G}$ und $Z = I_E$ nach Bedingung (ii)

$$\mathbf{E}[Y_1; E] = \mathbf{E}[X; E] = \mathbf{E}[Y_2; E] \,.$$

Nach dem Lemma folgt $Y_1 = Y_2$ f.s. Man kann daher bedingte Erwartungen als Zufallsvariable auffassen, aber eben nur als *f.s. eindeutige Zufallsvariable*. Wir schreiben also für eine bedingte Erwartung Y von X, gegeben $\mathcal{G}$,

$$Y = \mathbf{E}[X \mid \mathcal{G}] \text{ f.s.}$$

Für Ereignisse E benutzt man die Schreibweise

$$\mathbf{P}(E \mid \mathcal{G}) := \mathbf{E}[I_E \mid \mathcal{G}] \,.$$

Anschaulich gesprochen handelt es sich bei $\mathbf{E}[X \mid \mathcal{G}]$ um den erwarteten Wert von X, wenn man dabei den durch $\mathcal{G}$ ausgedrückten Kenntnisstand, also die Werte der $\mathcal{G}$-messbaren Zufallsgrößen, berücksichtigen darf. Dies machen auch die folgenden Beispiele deutlich.

Beispiel
Ist X eine integrierbare, $\mathcal{G}$-messbare Zufallsvariable, so sind die Forderungen an eine bedingte Erwartung schon von X selbst erfüllt, und es gilt

$$\mathbf{E}[X \mid \mathcal{G}] = X \text{ f.s.} \tag{1.3}$$

(wie einem schon die Anschauung sagt).

Beispiel (Unabhängigkeit)
Eine Zufallsvariable X heißt *unabhängig* vom Teilfeld $\mathcal{G}$, falls X von jeder $\mathcal{G}$-messbaren Zufallsvariablen unabhängig ist. In diesem Fall gilt für integrierbares X (ebenfalls kaum überraschend)

$$\mathbf{E}[X \mid \mathcal{G}] = \mathbf{E}[X] \text{ f.s.} \tag{1.4}$$

Die beiden Forderungen an eine bedingte Erwartung sind leicht verifiziert: Erstens ist die Zufallsvariable $Y = \mathbf{E}[X]$, die nur einen einzigen Wert annimmt, $\mathcal{G}$-messbar für jedes Teilfeld $\mathcal{G}$ (denn dann ist $\{Y \in B\}$ entweder das unmögliche oder das sichere Ereignis). Zweitens ist jedes beschränkte, $\mathcal{G}$-messbare Z unabhängig von X, sodass

$$\mathbf{E}[XZ] = \mathbf{E}[X]\,\mathbf{E}[Z] = \mathbf{E}\big[\mathbf{E}[X]\,Z\big]$$

gilt.

Beispiel

In Verallgemeinerung der beiden vorigen Beispiele betrachten wir eine integrierbare Zufallsvariable der Gestalt

$$X = h(V, W),$$

wobei V eine $\mathcal{G}$-messbare Zufallsvariable und W unabhängig von $\mathcal{G}$ ist. Dann gilt

$$\mathbf{E}[X \mid \mathcal{G}] = \varphi(V) \text{ f.s.} \quad \text{mit } \varphi(v) := \mathbf{E}[h(v, W)].$$

Erstens ist $\varphi(V)$ offenbar $\mathcal{G}$-messbar. Zweitens gilt aufgrund der Annahmen für beschränktes, $\mathcal{G}$-messbares Z

$$\mathbf{E}[\varphi(V)Z] = \mathbf{E}[XZ].$$

Im Fall, dass V und W nur endlich viele Werte annehmen, sieht man das so ein: Weil W unabhängig von (Z, V) ist, gilt

$$\begin{aligned}
\mathbf{E}[\varphi(V)Z] &= \sum_{v,z} \varphi(v)z\,\mathbf{P}(V = v, Z = z) \\
&= \sum_{v,z} \sum_{w} h(v,w)\,\mathbf{P}(W = w)\,z\,\mathbf{P}(V = v, Z = z) \\
&= \sum_{v,w,z} h(v,w)z\,\mathbf{P}(V = v, W = w, Z = z) = \mathbf{E}[h(V, W)Z].
\end{aligned}$$

Der allgemeine Fall lässt sich (mit dem Satz von Fubini aus der Maßtheorie, s. [BroKe], Satz 8.2) genauso behandeln.

Beispiel

Der Erwartungswert einer integrierbaren Zufallsvariablen X bestimmt sich aus ihrer Verteilung $\rho(db) = \mathbf{P}(X \in db)$, $b \in \mathbb{R}$, bekanntlich nach der Gleichung

$$\mathbf{E}[X] = \int b\,\rho(db),$$

die in vielen Einzelfällen zu konkreten Resultaten führt. Entsprechende Formeln lassen sich auch für bedingte Erwartungen aufstellen.

Wir betrachten den Fall, dass $\mathcal{G}$ durch eine Zufallsvariable V erzeugt ist, $\mathcal{G} = \sigma(V)$, und dass die Verteilung von X durch Übergangsverteilungen $P(a, \cdot)$ gegeben ist, gemäß

$$\mathbf{P}(V \in da, X \in db) = \mathbf{P}(V \in da)P(a, db)$$

(s. [KeWa], (14.12)). Dann gilt

$$\mathbf{E}[X \mid V] = \varphi(V) \text{ f.s.} \quad \text{mit } \varphi(a) := \int b\, P(a, db)\,. \tag{1.5}$$

Erstens ist $\varphi(V)$ $\mathcal{G}$-messbar, und zweitens gilt für jedes Ereignis $E = \{V \in A\}$ aus $\sigma(V)$

$$\mathbf{E}[\varphi(V); E] = \int_A \varphi(a)\mathbf{P}(V \in da) = \int_A \int b\mathbf{P}(V \in da)P(a, db)$$

$$= \iint 1_A(a)b\mathbf{P}(V \in da, X \in db) = \mathbf{E}[X; E]\,.$$

Die Behauptung folgt also aus Lemma 1.1.

Abschließend in diesem Abschnitt fassen wir nun die wichtigsten Rechenregeln der bedingten Erwartung zusammen. Sie ergeben sich aus den entsprechenden Eigenschaften der gewöhnlichen Erwartung.

Lemma 1.2 *Es seien* $X, X_1, X_2, \dots$ *integrierbare Zufallsvariable,* α_1, α_2 *reelle Zahlen und* $\mathcal{G}, \mathcal{G}'$ *Teilfelder. Dann gilt:*

(i)
$$\mathbf{E}\big[\mathbf{E}[X \mid \mathcal{G}]\big] = \mathbf{E}[X]\, f.s.$$

(ii) *Turmeigenschaft: Aus* $\mathcal{G}' \subset \mathcal{G}$ *folgt*

$$\mathbf{E}\big[\mathbf{E}[X \mid \mathcal{G}] \,\big|\, \mathcal{G}'\big] = \mathbf{E}[X \mid \mathcal{G}']\, f.s.$$

(iii) *Falls* V $\mathcal{G}$-messbar und VX integrierbar ist, folgt

$$\mathbf{E}[VX \mid \mathcal{G}] = V\mathbf{E}[X \mid \mathcal{G}]\, f.s.$$

(iv) *Linearität:*

$$\mathbf{E}[\alpha_1 X_1 + \alpha_2 X_2 \mid \mathcal{G}] = \alpha_1\mathbf{E}[X_1 \mid \mathcal{G}] + \alpha_2\mathbf{E}[X_2 \mid \mathcal{G}]\, f.s.$$

(v) *Monotonie: Gilt* $X_1 \leq X_2$ *f.s., so folgt*

$$\mathbf{E}[X_1 \mid \mathcal{G}] \leq \mathbf{E}[X_2 \mid \mathcal{G}]\, f.s.$$

(vi)
$$\big|\mathbf{E}[X \mid \mathcal{G}]\big| \leq \mathbf{E}\big[|X| \,\big|\, \mathcal{G}\big]\, f.s.$$

(vii) *Monotone Konvergenz: Aus* $0 \leq X_n \uparrow X$ *f.s. folgt*

$$\mathbf{E}[X_n \mid \mathcal{G}] \uparrow \mathbf{E}[X \mid \mathcal{G}]\, f.s.$$

Beweis (i) folgt unmittelbar aus der Definition der bedingten Erwartung mit $Z = 1$.

(ii) Eine Zufallsvariable $Y = \mathbf{E}[X \mid \mathcal{G}']$ f.s. ist integrierbar und $\mathcal{G}'$-messbar. Ist weiter Z beschränkt und $\mathcal{G}'$-messbar, so ist Z nach Annahme auch $\mathcal{G}$-messbar. Es folgt

$$\mathbf{E}[\mathbf{E}[X \mid \mathcal{G}]Z] = \mathbf{E}[XZ] = \mathbf{E}[YZ].$$

Y erfüllt also auch die Eigenschaften von $\mathbf{E}\big[\mathbf{E}[X \mid \mathcal{G}] \mid \mathcal{G}'\big]$.

(iii) Sei $E \in \mathcal{G}$ und $Y := \mathbf{E}[X \mid \mathcal{G}]$, $Y' := \mathbf{E}[VX \mid \mathcal{G}]$ f.s. Da auch V nach Annahme $\mathcal{G}$-messbar ist, gilt für $c > 0$

$$\mathbf{E}[YVI_{\{|V|\leq c\}}I_E] = \mathbf{E}[XVI_{\{|V|\leq c\}}I_E] = \mathbf{E}[Y'I_{\{|V|\leq c\}}I_E].$$

Aus Lemma 1.1 folgt $YVI_{\{|V|\leq c\}} = Y'I_{\{|V|\leq c\}}$ f.s., und die Behauptung folgt mit $c \to \infty$.

(iv) $Y = \alpha_1\mathbf{E}[X_1 \mid \mathcal{G}] + \alpha_2\mathbf{E}[X_2 \mid \mathcal{G}]$ f.s. ist $\mathcal{G}$-messbar und integrierbar. Für beschränktes, $\mathcal{G}$-messbares Z folgt

$$\mathbf{E}[(\alpha_1 X_1 + \alpha_2 X_2)Z] = \alpha_1\mathbf{E}[X_1 Z] + \alpha_2\mathbf{E}[X_2 Z]$$
$$= \alpha_1\mathbf{E}[\mathbf{E}[X_1 \mid \mathcal{G}]Z] + \alpha_2\mathbf{E}[\mathbf{E}[X_2 \mid \mathcal{G}]Z] = \mathbf{E}[YZ].$$

Y erfüllt also alle Eigenschaften von $\mathbf{E}[\alpha_1 X_1 + \alpha_2 X_2 \mid \mathcal{G}]$.

(v) Für $Y_1 = \mathbf{E}[X_1 \mid \mathcal{G}]$, $Y_2 := \mathbf{E}[X_2 \mid \mathcal{G}]$ f.s. und $E \in \mathcal{G}$, gilt

$$\mathbf{E}[Y_1; E] = \mathbf{E}[X_1; E] \leq \mathbf{E}[X_2; E] = \mathbf{E}[Y_2; E].$$

Die Behauptung folgt also aus Lemma 1.1.

(vi) folgt aus $X, -X \leq |X|$ und (iv), (v).

(vii) Nach (v) existiert der fast sichere Limes $Y = \lim_{n\to\infty} \mathbf{E}[X_n \mid \mathcal{G}]$. Nach dem Satz von der monotonen Konvergenz ([BroKe], Satz IV.3) folgt für $E \in \mathcal{G}$

$$\mathbf{E}[Y; E] = \lim_{n\to\infty} \mathbf{E}[\mathbf{E}[X_n \mid \mathcal{G}]; E] = \lim_{n\to\infty} \mathbf{E}[X_n; E] = \mathbf{E}[X; E] = \mathbf{E}[\mathbf{E}[X \mid \mathcal{G}]; E].$$

Wählen wir speziell E als das sichere Ereignis, so erkennt man, dass Y integrierbar ist. Die Behauptung folgt nun aus Lemma 1.1.   □

1.5 Bedingte Erwartungen als Projektionen*

Bedingte Erwartungen kann man auch anders auffassen.

Wir betrachten dazu quadratintegrierbare Zufallsvariable X. Diese Bedingung ist stärker als Integrierbarkeit und bedeutet, dass

$$\mathbf{E}[X^2] < \infty$$

gilt. Der Raum

$$\mathcal{L}_2 = \{X : \mathbf{E}[X^2] < \infty\}$$

aller quadratintegrierbaren Zufallsvariablen ist ein Vektorraum. Man beachte, dass die Ungleichung $(X+Y)^2 \le 2X^2 + 2Y^2$ gilt und also aus $\mathbf{E}[X^2], \mathbf{E}[Y^2] < \infty$ auch $\mathbf{E}[(X+Y)^2] < \infty$ folgt. Man macht dann $\mathcal{L}_2$ zu einem euklidischen Vektorraum, indem man das Skalarprodukt

$$\langle X, Y \rangle := \mathbf{E}[XY] \quad \text{für } X, Y \in \mathcal{L}_2$$

einführt. Für $X, Y \in \mathcal{L}_2$ hat nämlich $XY = \frac{1}{2}((X+Y)^2 - X^2 - Y^2)$ einen endlichen Erwartungswert. Damit kann man $\mathcal{L}_2$ auf die übliche Weise mit einer Seminorm versehen:

$$\|X\| := \sqrt{\langle X, X \rangle} = \mathbf{E}[X^2]^{1/2} \quad \text{für } X \in \mathcal{L}_2 \,.$$

Nach dem Satz von Riesz-Fischer ([BroKe], Satz VI.2) ist $\mathcal{L}_2$ vollständig, d. h., jede Cauchy-Folge ist in $\mathcal{L}_2$ konvergent. (Die Seminorm wird zur Norm, wenn man f.s. gleiche Zufallsvariable identifiziert.)

Damit existieren auch Projektionen auf vollständige Unterräume. Wir führen dies in einem speziellen Fall genauer aus. Sei $\mathcal{G}$ ein Teilfeld von Ereignissen. Dann ist

$$\mathcal{L}_2(\mathcal{G}) = \{X \in \mathcal{L}_2 : X \text{ ist } \mathcal{G}\text{-messbar}\}$$

ein Unterraum von $\mathcal{L}_2$, der nach dem Satz von Riesz-Fischer vollständig ist.

Nun sagt uns die Geometrie (und beweist die Funktionalanalysis, s. Kap. 12 in [BroKe]), dass man jedes $X \in \mathcal{L}_2$ auf den Unterraum $\mathcal{L}_2(\mathcal{G})$ projizieren kann – wie man auch im gewöhnlichen euklidischen Vektorraum $\mathbb{R}^n$ Vektoren auf Unterräume projiziert. Eine Projektion Y von X auf $\mathcal{L}_2(\mathcal{G})$ kann man dann auf verschiedene Weise charakterisieren. Erstens gilt

$$\|X - Y\| \le \|X - V\| \text{ für alle } V \in \mathcal{L}_2(\mathcal{G}) \,. \tag{1.6}$$

Damit äquivalent erweist sich zweitens die Eigenschaft

$$\|X\|^2 = \|X - Y\|^2 + \|Y\|^2 \,,$$

in Anlehnung an die Geometrie spricht man vom *Satz des Pythagoras*. Drittens gilt

$$\langle X - Y, Z \rangle = 0 \text{ für alle } Z \in \mathcal{L}_2(\mathcal{G}) \,.$$

Man sagt, $X - Y$ ist *orthogonal* zu $\mathcal{L}_2(\mathcal{G})$.

Der Zusammenhang zur bedingten Erwartung von X, gegeben $\mathcal{G}$, ist nun leicht hergestellt: Erstens ist eine Projektion Y von X als Element des Unterraums $\mathcal{L}_2(\mathcal{G})$ eine $\mathcal{G}$-messbare, (quadrat-)integrierbare Zufallsvariable. Zweitens ist jedes beschränkte, $\mathcal{G}$-messbare Z quadratintegrierbar, sodass

$$\mathbf{E}\big[(X-Y)Z\big] = \langle X-Y, Z\rangle = 0$$

gilt bzw.

$$\mathbf{E}[XZ] = \mathbf{E}[YZ].$$

Die Projektion Y erfüllt also gerade die charakteristischen Eigenschaften von bedingten Erwartungen:

$$Y = \mathbf{E}[X \mid \mathcal{G}] \text{ f.s.}$$

Nach (1.6) gilt dann

$$\mathbf{E}\big[(X-\mathbf{E}[X\mid\mathcal{G}])^2\big] \le \mathbf{E}\big[(X-V)^2\big]$$

für alle $\mathcal{G}$-messbaren, quadratintegrierbaren Zufallsvariablen V. Das heißt: Die bedingte Erwartung minimiert unter diesen Zufallsvariablen den erwarteten quadratischen Abstand zu X. Man benutzt deswegen die bedingte Erwartung $\mathbf{E}[X \mid \mathcal{G}]$ auch als *Prädiktor* des Wertes von X, gegeben der Kenntnisstand, der durch das Teilfeld $\mathcal{G}$ ausgedrückt wird.

Beispiel
Seien V, W unabhängige, identisch verteilte, integrierbare Zufallsvariable, und sei

$$X = aV + bW, \quad X' = bV + aW$$

mit reellen Zahlen a, b. Wir betrachten den Prädiktor $Y = \mathbf{E}[X \mid X']$ f.s. von X, gegeben X'. Im Fall $a = b$ gilt offenbar $Y = X'$ f.s., und im Fall $a = 0$ oder $b = 0$ aufgrund von Unabhängigkeit $Y = \mathbf{E}[X]$ f.s.

Sonst kann man im Allgemeinen wenig über die Gestalt von Y aussagen. Einfach ist nur der Fall, dass V und W normalverteilt sind. (Dann ist das Paar (X, X') Gaußverteilt, s. Abschn. 3.4 in Kap. 3.) Wir setzen dann

$$X'' = aV - bW$$

und stellen fest, dass $\mathbf{Cov}(X', X'') = 0$ gilt. Für Gaußverteilte Zufallsvariable bedeutet dies, dass X' und X'' unabhängig sind (s. Lemma 3.7). Nun gilt

$$X = \frac{2ab}{a^2+b^2}X' + \frac{a^2-b^2}{a^2+b^2}X'',$$

sodass sich mit (1.3) und (1.4)

$$Y = \frac{2ab}{a^2 + b^2} X' + \frac{a^2 - b^2}{a^2 + b^2} \mathbf{E}[X''] \text{ f.s.}$$

ergibt.

Die Auffassung einer bedingten Erwartung als Projektion lässt sich ohne Weiteres zu einem Existenzbeweis von bedingten Erwartungen ausbauen. Wir verzichten hier auf Details und halten zusammenfassend fest:

Lemma 1.3 *Sei X quadratintegrierbar. Dann ist für jedes Teilfeld $\mathcal{G}$ auch $\mathbf{E}[X \mid \mathcal{G}]$ eine quadratintegrierbare Zufallsvariable, und es gilt der „Satz des Pythagoras"*

$$\mathbf{E}[X^2] = \mathbf{E}\big[(X - \mathbf{E}[X \mid \mathcal{G}])^2\big] + \mathbf{E}\big[\mathbf{E}[X \mid \mathcal{G}]^2\big].$$

Mit X^2 ist also auch die Zufallsvariable $\mathbf{E}[X \mid \mathcal{G}]^2$ integrierbar, und damit auch $X\mathbf{E}[X \mid \mathcal{G}]$. Mit den Rechenregeln (iii) und (iv) aus Lemma 1.2 folgt

$$\mathbf{E}\big[(X - \mathbf{E}[X \mid \mathcal{G}])^2 \mid \mathcal{G}\big] = \mathbf{E}[X^2 \mid \mathcal{G}] - \mathbf{E}[X \mid \mathcal{G}]^2 \text{ f.s.}$$

und damit

$$\mathbf{E}[X \mid \mathcal{G}]^2 \leq \mathbf{E}[X^2 \mid \mathcal{G}] \text{ f.s.} \tag{1.7}$$

1.6 Martingale

Wir kehren zurück zu der anschaulichen Interpretation der bedingten Erwartung $\mathbf{E}[X \mid \mathcal{G}]$ als fairer Einsatz in einem Spiel mit Auszahlung X bei einem Kenntnisstand, der durch das Teilfeld $\mathcal{G}$ erfasst ist. Nun haben wir ein Spiel über mehrere Runden vor Augen. Dabei kommt es im Fortgang des Spiels zu einem Informationszuwachs.

Definition

(i) Sei $\mathbb{F}$ eine (endliche oder unendliche) Folge von Teilfeldern $\mathcal{F}_0, \mathcal{F}_1, \ldots \subset \mathcal{F}$. Dann heißt $\mathbb{F}$ eine *Filtration*, falls gilt

$$\mathcal{F}_0 \subset \mathcal{F}_1 \subset \mathcal{F}_2 \subset \cdots$$

Im Fall einer unendlichen Folge setzen wir $\mathcal{F}_\infty := \bigvee_{n \geq 1} \mathcal{F}_n$, das kleinste Teilfeld, das alle $\mathcal{F}_n$ umfasst.

(ii) Eine (endliche oder unendliche) Folge von Zufallsvariablen $X_0, X_1, \ldots$ heißt *an die Filtration $\mathbb{F}$ adaptiert*, kurz $\mathbb{F}$-*adaptiert*, falls für jedes n die Zufallsvariable X_n $\mathcal{F}_n$-messbar ist, falls also

$$\sigma(X_0, \ldots, X_n) \subset \mathcal{F}_n$$

gilt.

Die Interpretation liegt auf der Hand: Mit Filtrationen beschreibt man den Informations-zuwachs in zeitlicher Entwicklung. Man kann sich vorstellen, dass das Teilfeld $\mathcal{F}_n$ alle Ereignisse enthält, von denen zum Zeitpunkt n entschieden ist, ob sie eintreten oder nicht. Adaptiertheit von (X_n) an die Filtration bedeutet dann anschaulich, dass der Wert von X_n zum Zeitpunkt n feststeht.

Definition

Eine an eine Filtration $\mathbb{F} = (\mathcal{F}_n)_{n \geq 0}$ adaptierte (endliche oder unendliche) Folge $(X_n)_{n \geq 0}$ von integrierbaren Zufallsvariablen heißt ein *Martingal*, genauer ein $\mathbb{F}$-Martingal, falls für $n \geq 1$

$$\mathbf{E}[X_n \mid \mathcal{F}_{n-1}] = X_{n-1} \text{ f.s.}$$

gilt. $(X_n)_{n \geq 0}$ heißt *Supermartingal*, falls für $n \geq 1$

$$\mathbf{E}[X_n \mid \mathcal{F}_{n-1}] \leq X_{n-1} \text{ f.s.}$$

gilt, und *Submartingal*, falls $(-X_n)_{n \geq 0}$ ein Supermartingal ist.

Insbesondere gilt für ein Supermartingal

$$\mathbf{E}[X_0] \geq \mathbf{E}[X_1] \geq \cdots$$

und für ein Martingal

$$\mathbf{E}[X_0] = \mathbf{E}[X_1] = \cdots$$

Denken wir bei X_n an das Kapital eines Spielers nach n Spielrunden, so wird ein faires Spiel durch ein Martingal erfasst, während unfaire Spiele auf Supermartingale führen. Die folgenden Beispiele zeigen, dass es aber gar nicht nötig ist, sich immer nur auf Glücksspiele zu berufen.

Eine Bemerkung vorneweg: Aufgrund der Turmeigenschaft der bedingten Erwartung, Lemma 1.2 (ii), gilt für jedes Martingal (X_n) für $n \geq 1$

$$\mathbf{E}[X_n \mid X_0, \ldots, X_{n-1}] = X_{n-1} \text{ f.s.}$$

Man kann also immer zu der Filtration aus den Teilfeldern $\mathcal{F}_n = \sigma(X_0, \ldots, X_n)$, $n \geq 0$, übergehen. Sie ist die kleinstmögliche Filtration, man spricht von der *natürlichen Filtration*. Dieser Übergang empfiehlt sich manchmal, aber nicht immer. Wird bei einem Martingal (X_n) keine Filtration genannt, so ist die natürliche gemeint.

Beispiele

1. Seien $Z_1, Z_2, \ldots$ unabhängige, integrierbare Zufallsvariable mit $\mathbf{E}[Z_n] = 0$. Dann ist durch

$$X_0 := 0, \quad X_n := Z_1 + \cdots + Z_n, \quad n \geq 1,$$

ein Martingal (X_n) gegeben. Denn wegen $\sigma(X_0, \ldots, X_n) = \sigma(Z_1, \ldots, Z_n)$ und wegen Unabhängigkeit gilt

$$\mathbf{E}[X_n \mid X_1, \ldots, X_{n-1}] = \mathbf{E}[X_{n-1} \mid X_0, \ldots, X_{n-1}] + \mathbf{E}[Z_n \mid Z_1, \ldots, Z_{n-1}]$$
$$= X_{n-1} + \mathbf{E}[Z_n] = X_{n-1} \text{ f.s.}$$

Gilt außerdem $\mathbf{E}[Z_n^2] < \infty$ für alle n, so ist auch

$$M_0 := 0, \quad M_n := X_n^2 - \sum_{i=1}^{n} \mathbf{E}[Z_i^2], \quad n \geq 1,$$

ein Martingal. Dies folgt aus

$$\mathbf{E}[X_n^2 \mid X_1, \ldots, X_{n-1}] = \mathbf{E}[X_{n-1}^2 + 2X_{n-1}Z_n + Z_n^2 \mid X_0, \ldots, X_{n-1}]$$
$$= X_{n-1}^2 + 2X_{n-1}\mathbf{E}[Z_n \mid X_0, \ldots, X_{n-1}] + \mathbf{E}[Z_n^2]$$
$$= X_{n-1}^2 + \mathbf{E}[Z_n^2].$$

2. **Pólyas[2] Urnenschema.** Wir ziehen rein zufällig Kugeln aus einer Urne, deren Inhalt aus weißen und blauen Kugeln besteht. Die Regel ist: Lege jede gezogene Kugel mit einer weiteren gleichfarbigen Kugel zurück, der Inhalt der Urne wächst also beständig. Sei m die anfängliche Zahl der Kugeln in der Urne und W_n die Zahl der weißen Kugeln nach n-fachem Ziehen. Dann gilt

$$\mathbf{E}[W_n \mid W_0, \ldots, W_{n-1}] = (W_{n-1} + 1)\mathbf{P}(\text{ziehe weiß} \mid W_{n-1}) + W_{n-1}\mathbf{P}(\text{ziehe blau} \mid W_{n-1})$$
$$= (W_{n-1} + 1)\frac{W_{n-1}}{m + n - 1} + W_{n-1}\left(1 - \frac{W_{n-1}}{m + n - 1}\right)$$
$$= \frac{m + n}{m + n - 1}W_{n-1}.$$

Für die relative Häufigkeit der weißen Kugeln

$$X_n = \frac{W_n}{m + n}, \quad n = 0, 1, \ldots$$

---

[2] GEORGE PÓLYA, *1887 Budapest, †1985 Palo Alto, Kalifornien. Mathematiker mit Veröffentlichungen zu Kombinatorik, Zahlentheorie und Wahrscheinlichkeitstheorie; einflussreich auch durch seine Beiträge zum plausiblen Schließen und zur Heuristik in der Mathematik.

folgt für $n \geq 1$

$$E[X_n \mid X_0, \dots, X_{n-1}] = X_{n-1} \text{ f.s.},$$

(X_n) ist also ein Martingal. Wir werden daraus bald eine bemerkenswerte Konsequenz ziehen können.

3. Ist $(X_n)_{n \geq 0}$ ein $\mathbb{F}$-Martingal, so ist $(|X_n|)_{n \geq 0}$ ein $\mathbb{F}$-Submartingal, denn nach Lemma 1.2 (vi) gilt

$$E\big[|X_n| \mid \mathcal{F}_{n-1}\big] \geq \big|E[X_n \mid \mathcal{F}_{n-1}]\big| = |X_{n-1}| \text{ f.s.}$$

Im quadratintegrierbaren Fall ist nach (1.7) auch $(X_n^2)_{n \geq 0}$ ein $\mathbb{F}$-Submartingal.

Aus Martingalen lassen sich auf verschiedene Weise neue Martingale gewinnen. Die folgende Konstruktion wird in den nächsten Abschnitten nützlich sein.

Lemma 1.4 *Sei $(X_n)_{n \geq 0}$ eine $\mathbb{F}$-adaptierte Folge von integrierbaren Zufallsvariablen, sei $(H_n)_{n \geq 0}$ eine $\mathbb{F}$-adaptierte Folge von nichtnegativen, beschränkten Zufallsvariablen, und sei V_0 integrierbar und $\mathcal{F}_0$-messbar. Setze*

$$V_n := V_0 + \sum_{i=1}^{n} H_{i-1}(X_i - X_{i-1}), \quad n \geq 1.$$

Ist dann (X_n) ein Martingal (bzw. Supermartingal), so ist auch (V_n) ein Martingal (bzw. Supermartingal).

Beweis (V_n) ist an $\mathbb{F}$ adaptiert. Da die H_i beschränkt sind, ist V_n integrierbar. Schließlich gilt aufgrund der Voraussetzungen $V_n = V_{n-1} + H_{n-1}(X_n - X_{n-1})$ und

$$E[V_n \mid \mathcal{F}_{n-1}] = V_{n-1} + H_{n-1}\big(E[X_n \mid \mathcal{F}_{n-1}] - X_{n-1}\big) \text{ f.s.}$$

Daraus folgt die erste Behauptung und wegen $H_n \geq 0$ auch die zweite.   □

Die Definition von V_n erinnert an eine riemannsche Summe. Man spricht bei (V_n) deswegen von einem (diskreten) stochastischen Integral. Diesen Gesichtspunkt entwickelt man ausführlich in der „Stochastischen Analysis" (s. auch Abschn. 3.7 in Kap. 3).

1.7 Der Martingalkonvergenzsatz

Der folgende Satz zählt zu den fundamentalen Resultaten der Wahrscheinlichkeitstheorie. Man kann ihn als eine Verallgemeinerung des bekannten Satzes der Analysis auffassen, nach dem jede fallende und von unten beschränkte Folge reeller Zahlen konvergent ist.

Satz 1.5 (Martingalkonvergenzsatz)   *Sei* $(X_n)_{n \geq 0}$ *ein* $\mathbb{F}$-*Supermartingal mit* $\sup_{n \geq 0} \mathbf{E}[X_n^-] < \infty$. *Dann gibt es eine integrierbare Zufallsvariable* X_∞, *sodass*

$$X_n \to X_\infty \; f.s.$$

für $n \to \infty$.

Wir verdeutlichen den Sachverhalt in der Sprache der Glücksspiele, indem wir X_n als das Kapital eines Spielers nach n Runden in einem unvorteilhaften, höchstens fairen Spiel interpretieren. Wäre (X_n) nicht f.s. konvergent, so gäbe es Zahlen $a < b$, zwischen denen sich (X_n) mit positiver Wahrscheinlichkeit ∞-oft hin- und herbewegt. Eine weitere Person könnte sich dies zunutze machen, indem sie sich jeweils in den Aufschwungphasen von a nach b in das Spiel einschaltet und so mit positiver Wahrscheinlichkeit einen schließlich unendlichen Gewinn einstreicht. Dies verträgt sich nicht mit der Vorstellung von einem unvorteilhaften Spiel. Diese Überlegung werden wir nun formalisieren.

Für reellwertige Zufallsvariablen $X_0, \ldots, X_r$ und reelle Zahlen $a < b$ definiert man die *Anzahl der Aufwärtsüberquerungen* des Intervalls (a, b) als den maximalen Wert U, sodass

$$X_{S_1}, \ldots, X_{S_U} \leq a, \quad X_{T_1}, \ldots, X_{T_U} \geq b$$

für zufällige $0 \leq S_1 < T_1 < \cdots < S_U < T_U \leq r$. U ist dabei eine Zufallsvariable mit Werten in $\{0, 1, \ldots, r\}$.

Lemma 1.6 (Upcrossing Lemma)   *Sei* $(X_0, \ldots, X_r)$ *ein Supermartingal. Dann gilt für die Anzahl der Aufwärtsüberquerungen* U *von* (a, b)

$$\mathbf{E}[U] \leq \frac{|a| + \mathbf{E}[X_r^-]}{b - a}.$$

Beweis Wir definieren induktiv Zufallsvariablen $H_n, 0 \leq n < r$, durch

$$H_0 := I_{\{X_0 \leq a\}} \quad \text{und} \quad H_n := I_{\{H_{n-1}=0, X_n \leq a\}} + I_{\{H_{n-1}=1, X_n < b\}}$$

für $n \geq 1$. H_n nimmt die Werte 0 oder 1 an. $H_n = 1$ tritt zum ersten Mal ein, wenn $X_n \leq a$ gilt, und dann so lange, bis erstmalig $X_n \geq b$ eintritt. Dann ist $H_n = 0$ bis zum nächsten n mit $X_n \leq a$ usw. (H_n) ist also adaptiert. Wir bilden nun

$$V_n := \sum_{i=1}^{n} H_{i-1}(X_i - X_{i-1}).$$

Nach Lemma 1.4 ist $0 = V_0, \ldots, V_r$ ein Supermartingal, also $\mathbf{E}[V_r] \leq \mathbf{E}[V_0] = 0$. Jede abgeschlossene Aufwärtsüberquerung des Intervalls (a, b) durch (X_n) gibt mindestens den Anteil $b - a$ für V_r. Genauer gilt

$$V_r \geq (b - a)U - (X_r - a)^- \geq (b - a)U - |a| - X_r^- \,,$$

dabei wird durch $(X_r - a)^-$ eine mögliche letzte, nicht abgeschlossene Aufwärtsüberquerung abgeschätzt. Die Behauptung folgt nun durch Übergang zum Erwartungswert unter Beachtung von $\mathbf{E}[V_r] \leq 0$.   □

Beweis von Satz 1.5 Sei U_n die Anzahl der Aufwärtsüberquerungen von (a, b) durch $X_0, \ldots, X_n$ und $U_\infty = \lim_n U_n$ die Gesamtzahl der Aufwärtsüberquerungen. Für U_∞ ist auch der Wert ∞ möglich. Es gilt $0 = U_0 \leq U_1 \leq U_2 \leq \cdots$, daher folgt nach dem Satz von der monotonen Konvergenz und dem Upcrossing Lemma

$$\mathbf{E}[U_\infty] = \lim_n \mathbf{E}[U_n] \leq \sup_n \frac{|a| + \mathbf{E}[X_n^-]}{b - a} \,.$$

Nach Annahme erhalten wir $\mathbf{E}[U_\infty] < \infty$, also $U_\infty < \infty$ f.s. und damit für reelle Zahlen $a < b$

$$\mathbf{P}(\liminf_n X_n < a, \limsup_n X_n > b) \leq \mathbf{P}(U_\infty = \infty) = 0 \,.$$

Wegen

$$\left\{ \liminf_n X_n < \limsup_n X_n \right\} = \bigcup_{\substack{a,b \in \mathbb{Q} \\ a < b}} \left\{ \liminf_n X_n < a, \limsup_n X_n > b \right\}$$

folgt

$$\mathbf{P}\left(\liminf_n X_n < \limsup_n X_n \right) \leq \sum_{\substack{a,b \in \mathbb{Q} \\ a < b}} \mathbf{P}\left(\liminf_n X_n < a, \limsup_n X_n > b \right) = 0 \,.$$

(X_n) konvergiert also f.s. gegen eine Zufallsvariable X_∞, die möglicherweise auch die Werte $\pm\infty$ annimmt. Mit dem Lemma von Fatou ([BroKe], Satz IV.4) ergibt sich schließlich

$$\mathbf{E}\big[|X_\infty|\big] \leq \liminf_n \mathbf{E}\big[|X_n|\big] = \liminf_n \mathbf{E}[X_n + 2X_n^-]$$

$$\leq \mathbf{E}[X_0] + 2 \sup_n \mathbf{E}[X_n^-] < \infty \,.$$

X_∞ ist also integrierbar, und es gilt $|X_\infty| < \infty$ f.s.   □

Der Martingalkonvergenzsatz hat vielfältige Anwendungen.

Beispiele

1. **Pólyas Urnenschema.** Oben haben wir festgestellt, dass in der Pólya-Urne die relativen Häufigkeiten

$$X_n = \frac{W_n}{m+n}, \quad n \geq 0,$$

der weißen Kugeln ein Martingal bilden. Es ist nichtnegativ, deswegen sind die Voraussetzungen
des Martingalkonvergenzsatzes erfüllt. Es gilt also

$$X_n \to X_\infty \text{ f.s.}$$

Das bedeutet, dass sich der relative Anteil der weißen Kugeln mit wachsender Anzahl von Zie-
hungen stabilisiert. Bemerkenswerterweise ist der Grenzwert (anders als beim Gesetz der Großen
Zahlen) zufällig. Dies heißt, dass sich anfängliche Zufallsschwankungen bis in den Grenzwert
auswirken.

Liegen z. B. anfangs eine weiße und eine blaue Kugel in der Urne, so ist W_n für $n \geq 0$ uniform auf
$\{1, 2, \ldots, n+1\}$ verteilt, wie sich induktiv aus der Formel

$$\mathbf{P}(W_n = w) = \left(1 - \frac{w}{n+1}\right)\mathbf{P}(W_{n-1} = w) + \frac{w-1}{n+1}\mathbf{P}(W_{n-1} = w-1)$$

mit $1 \leq w \leq n+1$ ergibt. Es folgt, dass X_∞ uniform auf $[0, 1]$ verteilt ist. Die folgende Grafik
zeigt die relativen Häufigkeiten von vier Simulationsläufen der Länge 400 einer Pólya-Urne, die
anfangs eine weiße und eine blaue Kugel enthält.

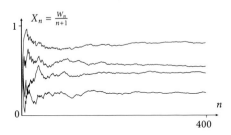

2. **Fast sicher konvergente Reihen.** Seien $Z_1, Z_2, \ldots$ unabhängige reellwertige Zufallsvariablen mit
$\mathbf{E}[Z_i] = 0$ und $\sum_{i=1}^\infty \mathbf{E}[Z_i^2] < \infty$. Dann ist $\sum_{i=1}^\infty Z_i$ f.s. konvergent.
Beweis: Wir haben oben gezeigt, dass $X_0 = 0$, $X_n = \sum_{i=1}^n Z_i$, $n \geq 1$, ein Martingal ist. Es gilt

$$\mathbf{E}[X_n^-]^2 \leq \mathbf{E}[(X_n^-)^2] \leq \mathbf{E}[X_n^2] = \sum_{i=1}^n \mathbf{E}[Z_i^2] \leq \sum_{i=1}^\infty \mathbf{E}[Z_i^2] < \infty.$$

Die Voraussetzung des Martingalkonvergenzsatzes ist also erfüllt, und X_n konvergiert f.s.
Eine Veranschaulichung: Die Reihe $\pm 1 \pm \frac{1}{2} \pm \frac{1}{3} \pm \cdots$ konvergiert f.s., wenn man die Vorzeichen per
unabhängigem, fairem Münzwurf ermittelt.

1.8 Gestoppte Martingale

Nun behandeln wir Martingale (X_n), die zu einem zufälligen Zeitpunkt T ausgewertet werden. Wir betrachten also für eine Zufallsvariable T mit Werten in $\mathbb{N}_0$ die Zufallsvariable

$$X_T := \sum_{n \geq 0} X_n I_{\{T=n\}} \, .$$

Wenn ein solches „Stoppen" eines Martingals keinen „Blick in die Zukunft" erfordert, wird man erwarten, dass die Martingaleigenschaft unangetastet bleibt. Wir werden sehen, dass dies unter geeigneten Bedingungen, aber nicht einschränkungslos zutrifft.

Definition

Eine Zufallsvariable T mit Werten in $\{0, 1, 2, \ldots, \infty\}$ heißt *Stoppzeit* bezüglich der Filtration $\mathbb{F} = (\mathcal{F}_n)$, kurz eine $\mathbb{F}$-Stoppzeit, falls für alle $n \geq 0$ die Eigenschaft

$$\{T \leq n\} \in \mathcal{F}_n$$

erfüllt ist. Das *Teilfeld der T-Vergangenheit* ist definiert als

$$\mathcal{F}_T := \left\{ E \in \mathcal{F}_\infty : E \cap \{T \leq n\} \in \mathcal{F}_n \text{ für alle } n \geq 0 \right\} .$$

T ist genau dann Stoppzeit, wenn $\{T = n\} \in \mathcal{F}_n$ für alle $n \geq 0$. Es gilt nämlich: $\{T = n\} = \{T \leq n\} \cap \{T \leq n-1\}^c$ und $\{T \leq n\} = \bigcup_{i=0}^n \{T = i\}$. Es ist nicht schwer zu sehen, dass $\mathcal{F}_T$ ein Teilfeld ist, das man auch als

$$\mathcal{F}_T = \left\{ E \in \mathcal{F}_\infty : E \cap \{T = n\} \in \mathcal{F}_n \text{ für alle } n \geq 0 \right\}$$

schreiben kann. Anschaulich lässt es sich deuten als die Kollektion aller Ereignisse, deren Eintreten sich spätestens zum Zeitpunkt T entscheidet.

Beispiele

1. **Eintrittszeiten.** Ist (X_n) eine an $\mathbb{F} = (\mathcal{F}_n)$ adaptierte Folge von S-wertigen Zufallsvariablen und B eine messbare Teilmenge von S, so ist

$$T_B := \min\{n \geq 0 : X_n \in B\} \, ,$$

   die Zeit des ersten Eintritts von (X_n) in B, eine $\mathbb{F}$-Stoppzeit. Man erkennt dies aus der Gleichung $\{T_B \leq n\} = \bigcup_{i=0}^n \{X_i \in B\}$.

2. Sind S, T Stoppzeiten, so auch $S \vee T := \max(S, T)$ und $S \wedge T := \min(S, T)$. Dies folgt aus

$$\{S \vee T \leq n\} = \{S \leq n\} \cap \{T \leq n\} \, ,$$
$$\{S \wedge T \leq n\} = \{S \leq n\} \cup \{T \leq n\} \, .$$

   Genauso sind für jede Folge $T_1, T_2, \ldots$ von Stoppzeiten auch $\sup_{i \geq 1} T_i$ und $\inf_{i \geq 1} T_i$ Stoppzeiten.

Dazu noch eine Übung: Sei (X_n) eine an eine Filtration adaptierte Folge von Zufallsvariablen und seien

$$T := \min\{n \geq 0 : X_n = X_{n-1}\}, \quad T' := \min\{n \geq 0 : X_n = X_{n+1}\}.$$

Welche dieser Zufallsvariablen ist eine Stoppzeit und welche nicht?

Wir leiten nun erste Resultate ab, die die Vorstellung präzisieren, dass beim Stoppen eines Martingals die Martingaleigenschaft unberührt bleibt.

Satz 1.7 (Elementarer Stoppsatz) *Sei* (X_n) *ein Supermartingal und seien* S, T *zwei Stoppzeiten mit* $0 \leq S \leq T \leq c$ *für eine Zahl* $c > 0$. *Dann folgt*

$$\mathbf{E}[X_S] \geq \mathbf{E}[X_T].$$

Im Fall eines Martingals gilt Gleichheit.

Beweis Wir betrachten

$$V_n := X_{n \wedge T} - X_{n \wedge S}, \quad n \geq 0.$$

Wir schreiben V_n als Teleskopsumme:

$$V_n = \sum_{i=n \wedge S+1}^{n \wedge T} (X_i - X_{i-1}) = \sum_{i=1}^{n} H_{i-1}(X_i - X_{i-1})$$

mit

$$H_n := I_{\{S \leq n < T\}}, \quad n \geq 0.$$

Wegen $\{S \leq n < T\} = \{S \leq n\} \cap \{T \leq n\}^c \in \mathcal{F}_n$ sind die Zufallsvariablen H_n, $n \geq 1$, adaptiert. Ist also (X_n) ein Martingal (Supermartingal), so gilt dies nach dem Lemma 1.4 auch für (V_n). Durch Übergang zum Erwartungswert erhalten wir im Fall eines Supermartingals für $n \geq c$

$$\mathbf{E}[X_T] - \mathbf{E}[X_S] = \mathbf{E}[V_n] \leq \mathbf{E}[V_0] = 0.$$

Dies ist die Behauptung. Für Martingale gilt hier Gleichheit.   □

Dieser Beweis ergibt mit der Wahl $S = 0$ noch die folgende Aussage.

Satz 1.8 (Gestoppte (Super-)Martingale) *Sei (X_n) ein (Super-)Martingal und T eine Stoppzeit. Dann ist auch $(X_{n \wedge T})$ ein (Super-)Martingal.*

Der Elementare Stoppsatz ist von bemerkenswerter Reichweite.

Beispiele 1. **Die einfache symmetrische Irrfahrt.** Dies ist das einfachste Beispiel eines Martingals: $X_0 = 0$ und $X_n = Z_1 + \cdots + Z_n$ für $n \geq 1$, mit unabhängigen Summanden $Z_1, \ldots, Z_n$, die die Werte 1 und -1 beide mit Wahrscheinlichkeit 1/2 annehmen. Wir wollen die Wahrscheinlichkeit bestimmen, dass diese „Irrfahrt" durch $\mathbb{Z}$ den Zustand $-a$ vor dem Zustand b erreicht, mit $a, b \in \mathbb{N}$. Dazu betrachten wir die Stoppzeit

$$T := \min\{n \geq 0 : X_n = -a \quad \text{oder} \quad X_n = b\}.$$

Es gilt $T < \infty$ f.s., wie man sich mithilfe der Abschätzung

$$\mathbf{P}(T > rk) \leq \mathbf{P}\big(|X_k| \leq a + b\big)^r$$

überzeugt (wähle $k > a + b$). Wir zeigen nun

$$\mathbf{P}(X_T = -a) = \frac{b}{a+b}\,, \quad \mathbf{P}(X_T = b) = \frac{a}{a+b}\,, \quad \mathbf{E}[T] = ab\,.$$

Beweis: Nach dem Stoppsatz, angewandt auf die beschränkten Stoppzeiten 0 und $n \wedge T$, gilt $0 = \mathbf{E}[X_{n \wedge T}]$. Mit $n \to \infty$ gilt $X_{n \wedge T} \to X_T$ f.s. Außerdem gilt $|X_{n \wedge T}| \leq a \vee b$, nach dem Satz von der dominierten Konvergenz aus der Maßtheorie ([BroKe], Satz V.4) ergibt sich damit $\mathbf{E}[X_{n \wedge T}] \to \mathbf{E}[X_T]$ und folglich

$$0 = \mathbf{E}[X_T] = b \cdot \mathbf{P}(X_T = b) - a \cdot \mathbf{P}(X_T = -a)\,.$$

Zusammen mit $\mathbf{P}(X_T = -a) + \mathbf{P}(X_T = b) = 1$ folgen die beiden ersten Behauptungen. Für die letzte Behauptung machen wir von dem Martingal $(X_n^2 - n)$ Gebrauch. Mit dem Stoppsatz folgt die Gleichung $\mathbf{E}[X_{n \wedge T}^2] - \mathbf{E}[n \wedge T] = 0$. Der Grenzübergang $n \to \infty$ ergibt (nun mittels monotoner sowie dominierter Konvergenz) $\mathbf{E}[X_T^2] = \mathbf{E}[T]$ und damit

$$\mathbf{E}[T] = a^2 \mathbf{P}(X_T = -a) + b^2 \mathbf{P}(X_T = b) = ab.$$

Ähnliche Überlegungen werden wir später auch auf Markovketten anwenden.

2. **Warten auf ein Muster.** Wir kommen zurück auf das Eingangsbeispiel dieses Kapitels und zum Beweis von (1.1). Nach dem Stoppsatz gilt für die Stoppzeit $T = R + 3$ zunächst

$$\mathbf{E}[X_{n \wedge T}] = \mathbf{E}[X_0] = 0\,.$$

Zudem folgt nach Konstruktion $|X_{n \wedge T}| \leq R + 17$ für alle $n \geq 0$, außerdem hat R einen endlichen Erwartungswert. Nach dem Satz von der dominierten Konvergenz folgt $\mathbf{E}[X_{n \wedge T}] \to \mathbf{E}[X_T]$ für $n \to \infty$, und wir erhalten (1.1) als Resultat.

3. **Ruinwahrscheinlichkeiten.** Eine Versicherungsgesellschaft hat bis zum Zeitpunkt t Einnahmen in Höhe von $a + bt$, die sich aus dem Anfangskapital $a > 0$ und jährlichen Beitragszahlungen $b > 0$ zusammensetzen. Schadensfälle treten zu zufälligen Zeitpunkten $Z_1, Z_1 + Z_2, \dots$ in zufälligen Höhen $U_1, U_2, \dots$ ein. Es ist also

$$\left\{ a + b \sum_{i=1}^{n} Z_i < \sum_{i=1}^{n} U_i \text{ für ein } n \geq 1 \right\} = \left\{ a < \sum_{i=1}^{n} V_i \text{ für ein } n \geq 1 \right\}$$

das Ereignis „Ruin", mit $V_n := U_n - b Z_n$, und

$$p = \mathbf{P}\left(a < \sum_{i=1}^{n} V_i \text{ für ein } n \geq 1 \right)$$

die Ruinwahrscheinlichkeit. Was lässt sich über ihre Größe sagen? Wir nehmen an, dass V_n unabhängig Kopien einer Zufallsvariablen V sind und wollen zeigen, dass sich unter der Bedingung

$$\mathbf{E}[\exp(\lambda V)] \leq 1 \text{ für ein } \lambda > 0 \tag{1.8}$$

die Abschätzung

$$p \leq e^{-\lambda a}$$

ergibt. Dann ist nämlich

$$X_n := \exp\left(\lambda \sum_{i=1}^{n} V_i \right), \quad X_0 := 1,$$

ein Supermartingal, denn wegen $X_n = \exp(\lambda V_n) X_{n-1}$ gilt

$$\mathbf{E}[X_n \mid V_1, \dots, V_{n-1}] = X_{n-1} \mathbf{E}[\exp(\lambda V)] \leq X_{n-1} \text{ f.s.}$$

Für die Stoppzeit

$$T := \min\left\{ k \geq 1 : \sum_{i=1}^{k} V_i > a \right\}$$

folgt mit dem Stoppsatz für alle $n \geq 0$ die Abschätzung

$$1 = \mathbf{E}[X_0] \geq \mathbf{E}[X_{n \wedge T}] \geq \mathbf{E}[X_T I_{\{T < n\}}] \geq e^{\lambda a} \mathbf{P}(T < n)$$

und schließlich mit $n \to \infty$ wie behauptet $p = \mathbf{P}(T < \infty) \leq e^{-\lambda a}$.

Auf dem Ereignis $\{V \neq 0\}$ ist $\exp(\lambda V) > 1 + \lambda V$, also folgt mit Lemma 1.1 aus der Annahme $\mathbf{P}(V \neq 0) > 0$ die Ungleichung $\mathbf{E}[(\exp(\lambda V)] > 1 + \lambda \mathbf{E}[V]$. Zusammen mit der Voraussetzung (1.8) zieht dies die Bedingung

$$\mathbf{E}[V] < 0$$

nach sich. (Man kann zeigen, dass die Bedingung (1.8) sogar äquivalent dazu ist, dass $\mathbf{E}[V] < 0$ und $\mathbf{E}[\exp(\lambda V)] < \infty$ für ein $\lambda > 0$ gilt.)

Eine besonders wichtige Anwendung des Stoppsatzes ergibt sich in Kombination mit der Markov-Ungleichung.

Satz 1.9 (Doob[3]-Ungleichung) *Sei (X_n) ein nichtnegatives Submartingal. Dann gilt für*
$\varepsilon > 0$

$$P\left(\max_{i \leq n} X_i > \varepsilon \right) \leq \frac{1}{\varepsilon} E[X_n] \,.$$

Beweis Mit $T := \min\{n \geq 0 : X_n > \varepsilon\}$ gilt $\{\max_{i \leq n} X_i > \varepsilon\} = \{X_{T \wedge n} > \varepsilon\}$ und folglich nach der Markov-Ungleichung

$$P\left(\max_{i \leq n} X_i > \varepsilon \right) \leq \frac{1}{\varepsilon} E[X_{n \wedge T}] \,.$$

Da T eine Stoppzeit ist, gilt außerdem $E[X_{n \wedge T}] \leq E[X_n]$, hier nach dem Stoppsatz für Submartingale. Dies ergibt die Behauptung. □

Für ein Martingal (X_n) ist, wie oben festgestellt, $(|X_n|)$ ein nichtnegatives Submartingal, hier gilt also

$$P\left(\max_{i \leq n} |X_i| > \varepsilon \right) \leq \frac{1}{\varepsilon} E\big[|X_n| \big] \,.$$

Im quadratintegrierbaren Fall ist für ein Martingal (X_n) auch (X_n^2) ein nichtnegatives Submartingal, und wir erhalten aus $\{\max_{i \leq n} |X_i| > \varepsilon\} = \{\max_{i \leq n} X_i^2 > \varepsilon^2\}$ die Variante

$$P\left(\max_{i \leq n} |X_i| > \varepsilon \right) \leq \frac{1}{\varepsilon^2} E[X_n^2] \,, \tag{1.9}$$

die an die Chebychev-Ungleichung erinnert.

Wir beenden den Abschnitt mit einer begrifflich fortentwickelten Version des Satzes vom Stoppen von Martingalen.

Satz 1.10 (Stoppsatz) *Sei (X_n) ein $\mathbb{F}$-Supermartingal, und seien S, T zwei $\mathbb{F}$-Stoppzeiten, mit $T \leq c$ f.s. für ein $c < \infty$. Dann gilt*

$$E[X_T \mid \mathcal{F}_S] \leq X_{S \wedge T} \; f.s.$$

Für Martingale gilt f.s. Gleichheit.

---

[3] JOSEPH L. DOOB, *1910 Cincinnati, Ohio, †2004 Urbana, Illinois. Mathematiker mit fundamentalen Beiträgen zur Analysis, Wahrscheinlichkeitstheorie und Potentialtheorie. Seine Forschungen zur Martingaltheorie begründeten eine neue Ära der stochastischen Prozesse. Einen lebendigen Eindruck davon vermittelt die von J. L. Snell geführte *Conversation with Joe Doob*, s. http://www.dartmouth.edu/~chance/Doob/conversation.html.

Beweis Zunächst ist $X_{S \wedge T}$ eine $\mathcal{F}_S$-messbare Zufallsvariable, denn

$$\{X_{S \wedge T} \in B\} \cap \{S = n\} = \bigcup_{i=1}^{n} \{X_i \in B, T = i, S = n\} \, \cup \, \{X_n \in B, T > n, S = n\}$$

gehört zu $\mathcal{F}_n$. Dies gilt damit auch für $\{X_{S \wedge T} \in B\} \cap \{S \leq n\}$.

Sei nun $E \in \mathcal{F}_S$ und

$$S' := S \wedge T \cdot I_E + T \cdot I_{E^c} \, .$$

Dann gilt $\{S' \leq n\} = (E \cap \{S \leq n\}) \cup \{T \leq n\} \in \mathcal{F}_n$, also ist S' eine Stoppzeit. Wegen $S' \leq T$ folgt nach dem Stoppsatz $\mathbf{E}[X_{S'}] \geq \mathbf{E}|X_T|$ bzw. $\mathbf{E}[X_{S \wedge T}; E] \geq \mathbf{E}[X_T; E]$. Damit gilt auch

$$\mathbf{E}\big[\mathbf{E}[X_T \mid \mathcal{F}_S]; E\big] = \mathbf{E}[X_T; E] \leq \mathbf{E}[X_{S \wedge T}; E] \, .$$

Lemma 1.1 ergibt die Behauptung. $\square$

1.9   Uniform integrierbare Martingale*

Zum Abschluss des Kapitels befassen wir uns mit einer Klasse von besonders gutartigen Martingalen, nämlich solchen, die sich als bedingte Erwartungen einer Zufallsvariablen „entlang einer Filtrierung" darstellen lassen. Man bemerke: Sei $\mathbb{F} = (\mathcal{F}_n)$ eine Filtration und X eine integrierbare Zufallsvariable. Dann ist aufgrund der Turmeigenschaft von bedingten Erwartungen, Lemma 1.2 (ii), durch

$$X_n := \mathbf{E}[X \mid \mathcal{F}_n] \, , \quad n \geq 0 \, ,$$

ein Martingal gegeben. Manchmal spricht man von einem *doobschen Martingal.* Jedes Martingal $X_0, \ldots, X_r$ ist von dieser Struktur, dann gilt für $n < r$ nämlich $X_n = \mathbf{E}[X_r \mid \mathcal{F}_n]$ aufgrund der Turmeigenschaft, und wir können $X := X_r$ setzen.

Für Martingale $(X_n)_{n \geq 0}$ ist dies nicht immer der Fall, dann ist eine Zusatzbedingung nötig.

Definition

Eine Folge von reellwertigen Zufallsvariablen (X_n) heißt *uniform integrierbar,* wenn es für jedes $\varepsilon > 0$ ein $c > 0$ gibt, sodass $\mathbf{E}\big[|X_n|; |X_n| > c\big] \leq \varepsilon$ für alle n.

Satz 1.11 *Sei (X_n) ein Martingal bezüglich einer Filtration $\mathbb{F} = (\mathcal{F}_n)$. Dann sind die folgenden Aussagen äquivalent:*

(i) *Es gibt eine integrierbare Zufallsvariable Z, sodass $X_n = \mathrm{E}[Z \mid \mathcal{F}_n]$ f.s. für alle $n \geq 0$ gilt.*

(ii) *(X_n) ist uniform integrierbar.*

Es ist dann X_n f.s. und in $\mathcal{L}_1$ gegen $\mathrm{E}[Z \mid \mathcal{F}_\infty]$ konvergent.

Den Beweis bereiten wir durch zwei Lemmata vor. Das erste ist eine nützliche Verallgemeinerung des Satzes von der dominierten Konvergenz.

Lemma 1.12 *Sei $(X_n)_{n\geq0}$ eine uniform integrierbare Folge von Zufallsvariablen, die f.s. gegen eine Zufallsvariable X konvergiert. Dann folgt $\mathrm{E}[|X_n - X|] \to 0$.*

Beweis Sei $c > 0$. Es gilt $|X_n - X| \leq 2|X_n|$ auf dem Ereignis $\{|X| \leq c < |X_n|\}$. Auch gilt $|X_n - X| \leq 2|X|$ auf $\{|X_n| \leq c < |X|\}$ und $|X_n - X| \leq |X_n| + |X|$ auf $\{|X_n|, |X| > c\}$. Es folgt

$$|X_n - X| \leq |X_n - X|I_{\{|X_n|,|X|\leq c\}} + 3|X_n|I_{\{|X_n|>c\}} + 3|X|I_{\{|X|>c\}} .$$

Aus der Konvergenzannahme folgt $|X|I_{\{|X|>c\}} \leq \liminf_{n\to\infty} |X_n|I_{\{|X_n|>c\}}$ f.s. und damit nach dem Lemma von Fatou

$$\mathrm{E}[|X|; |X| > c] \leq \liminf_{n\to\infty} \mathrm{E}[|X_n|; |X_n| > c] .$$

Außerdem gilt $\mathrm{E}[|X_n - X|; |X|_n, |X| \leq c] \to 0$ für $n \to \infty$ nach dem Satz von der dominierten Konvergenz. Zusammengenommen ergibt dies

$$\limsup_{n\to\infty} \mathrm{E}[|X_n - X|] \leq 6\sup_n \mathrm{E}[|X_n|; |X_n| > c] .$$

Nach Annahme der uniformen Integrierbarkeit konvergiert der Ausdruck auf der rechten Seite gegen 0 für $c \to \infty$. Dies ergibt die Behauptung. □

Lemma 1.13 *Sei X eine integrierbare Zufallsvariable und $\mathcal{G}_1, \mathcal{G}_2, \ldots$ irgendeine Folge von Teilfeldern in $\mathcal{F}$. Dann ist die Folge $X_n := \mathrm{E}[X \mid \mathcal{G}_n]$, $n \geq 1$, uniform integrierbar.*

Beweis Für $c > 0$ gilt wegen $\{X_n > c\}, \{X_n < -c\} \in \mathcal{G}_n$

$$\begin{aligned}
\mathbf{E}\big[|X_n|; |X_n| > c\big] &\leq \mathbf{E}\big[2|X_n| - c; |X_n| > c\big] \\
&= \mathbf{E}\big[2X_n - c; X_n > c\big] + \mathbf{E}\big[-2X_n - c; X_n < -c\big] \\
&= \mathbf{E}\big[2X - c; X_n > c\big] + \mathbf{E}\big[-2X - c; X_n < -c\big] \\
&\leq \mathbf{E}\big[2|X| - c; |X_n| > c\big]
\end{aligned}$$

und schließlich

$$\mathbf{E}\big[|X_n|; |X_n| > c\big] \leq \mathbf{E}\big[(2|X| - c)^+\big].$$

Nach dem Satz von der dominierten Konvergenz strebt der rechte Ausdruck für $c \to \infty$ gegen 0, sodass die Behauptung folgt. □

Beweis des Satzes (i) ⇒ (ii): Dies ist die Aussage von Lemma 1.13.

(ii) ⇒ (i): Wegen $\mathbf{E}[X_n^-] \leq \mathbf{E}[|X_n|] \leq c + \mathbf{E}\big[|X_n|; |X_n| \geq c\big]$ folgt aus der uniformen Integrierbarkeit $\sup_n \mathbf{E}[X_n^-] < \infty$. Daher ist nach dem Martingalkonvergenzsatz (X_n) f.s. gegen eine integrierbare Zufallsvariable X_∞ konvergent. Nach Lemma 1.12 ergibt sich $\mathbf{E}[|X_n - X_\infty|] \to 0$.

Sei nun $n \in \mathbb{N}$ und $E \in \mathcal{F}_n$. Für $m \geq n$ gilt nach der Martingaleigenschaft $\mathbf{E}[X_n; E] = \mathbf{E}[X_m; E]$ und also

$$\big|\mathbf{E}[X_n; E] - \mathbf{E}[X_\infty; E]\big| = \big|\mathbf{E}[X_m; E] - \mathbf{E}[X_\infty; E]\big| \leq \mathbf{E}\big[|X_m - X_\infty|\big].$$

Mit $m \to \infty$ folgt

$$\mathbf{E}[X_n; E] = \mathbf{E}[X_\infty; E], \tag{1.10}$$

und (i) ergibt sich aus Lemma 1.1 mit $Z := X_\infty$.

Sei schließlich Z wie in (i). Dann gilt für $E \in \mathcal{F}_n$, $n < \infty$, die Gleichung $\mathbf{E}[Z; E] = \mathbf{E}[X_n; E]$ und folglich wegen (1.10)

$$\mathbf{E}[Z; E] = \mathbf{E}[X_\infty; E].$$

Da $\bigcup_{n \geq 1} \mathcal{F}_n$ ein ∩-stabiler Erzeuger von $\mathcal{F}_\infty$ ist, gilt diese Gleichung für alle $E \in \mathcal{F}_\infty$ nach dem Eindeutigkeitssatz für Maße ([BroKe], Satz VII.1). Indem wir außerdem X_∞ gleich $\limsup_n X_n$ wählen, können wir annehmen, dass X_∞ eine $\mathcal{F}_\infty$-messbare Zufallsvariable ist. Mit Lemma 1.1 folgt $X_\infty = \mathbf{E}[Z \mid \mathcal{F}_\infty]$ f.s. □

Beispiele

Einige wichtige Martingale sind nicht uniform integrierbar. Hier sehen wir verschiedene Möglichkeiten.

1. Für die einfache symmetrische Irrfahrt (Y_n) auf $\mathbb{Z}$, startend im Ursprung, ist $\{Y_n$ ist konvergent$\}$ ein Nullereignis. Daher ist (Y_n) nicht uniform integrierbar.

2. Die gestoppte Irrfahrt $(Z_n) = (Y_{n \wedge T})$ zu dem Zeitpunkt T des erstmaligen Erreichens von 1 ist wohl ein f.s. konvergentes Martingal mit Limes $Z_\infty = 1$ f.s. Jedoch gilt $\mathbf{E}[Z_n] = 0 \neq 1 = \mathbf{E}[Z_\infty]$. Nach Lemma 1.12 ist deswegen (Z_n) nicht uniform integrierbar.

3. Das Martingal (W_n) der relativen Häufigkeiten der weißen Kugeln in Pólyas Urne ist von unten und oben durch 0 und 1 beschränkt. Es ist folglich uniform integrierbar, und es gilt deshalb $W_n = \mathbf{E}[W_\infty \mid \mathcal{F}_n]$ f.s.

In Anbetracht von Satz 1.11 kann man ein uniform integrierbares Martingal (X_n) bei $n = \infty$ mit einer integrierbaren Zufallsvariablen X_∞ ergänzen, die als f.s. Limes des Martingals f.s. eindeutig ist. Dann ist auch für jede Stoppzeit $0 \leq T \leq \infty$ die Zufallsvariable X_T f.s. wohldefiniert.

Wir erhalten nun für uniform integrierbare Martingale eine Version des Stoppsatzes, in der keine Beschränktheits- oder Endlichkeitsbedingung an Stoppzeiten mehr nötig ist.

Satz 1.14 *Sei (X_n) ein uniform integrierbares $\mathbb{F}$-Martingal und T eine $\mathbb{F}$-Stoppzeit (die auch den Wert ∞ annehmen darf). Dann ist X_T integrierbar, und es gilt*

$$\mathbf{E}[X_T] = \mathbf{E}[X_0] \, .$$

Ist S eine weitere $\mathbb{F}$-Stoppzeit, so gilt

$$\mathbf{E}[X_T \mid \mathcal{F}_S] = X_{S \wedge T} \text{ f.s.}$$

Beweis Nach dem vorigen Satz gilt (in die folgende Reihe ist der Summand für $n = \infty$ eingeschlossen)

$$\mathbf{E}\big[|X_T|\big] = \sum_{n \geq 0} \mathbf{E}\big[|X_n|; T = n\big] = \sum_{n \geq 0} \mathbf{E}\big[\big|\mathbf{E}[X_\infty \mid \mathcal{F}_n]\big|; T = n\big]$$

$$\leq \sum_{n \geq 0} \mathbf{E}\big[\mathbf{E}[|X_\infty| \mid \mathcal{F}_n]; T = n\big] = \sum_{n \geq 0} \mathbf{E}\big[|X_\infty|; T = n\big] = \mathbf{E}\big[|X_\infty|\big] < \infty \, ,$$

also ist X_T integrierbar. Nach Voraussetzung ist (X_n) uniform integrierbar, also in Anbetracht von

$$\mathbf{E}\big[|X_{n \wedge T}|; |X_{n \wedge T}| \geq c\big] = \mathbf{E}\big[|X_n|; |X_n| \geq c, T \leq n\big] + \mathbf{E}\big[|X_T|; |X_T| \geq c, T > n\big]$$

$$\leq \mathbf{E}\big[|X_n|; |X_n| \geq c\big] + \mathbf{E}\big[|X_T|; |X_T| \geq c\big]$$

auch die Folge $(X_{n \wedge T})$. Da außerdem $X_{n \wedge T} \to X_T$ f.s., folgt nach Lemma 1.12

$$\mathbf{E}[X_{n \wedge T}] \to \mathbf{E}[X_T] \, .$$

Nun gilt nach dem Stoppsatz 1.7 $\mathbf{E}[X_{n \wedge T}] = \mathbf{E}[X_0]$. Dies ergibt die erste Behauptung. Die zweite erhalten wir nun genauso wie im Beweis von Satz 1.10. $\qquad\square$

1.10 Aufgaben

1. Bestimmen Sie KW-Muster der Länge 4 (s. Abschn.1.1), auf die man dem Erwartungswert nach am längsten bzw. am kürzesten warten muss.

2. Das Teilfeld $\mathcal{G}$ sei von der Gestalt $\mathcal{G} = \sigma(V)$ mit einer S-wertigen Zufallsvariablen V. Sei weiter X eine reellwertige, $\mathcal{G}$-messbare Zufallsvariable. Wir wollen zeigen, dass es eine messbare Funktion $h : S \to \mathbb{R}$ gibt, sodass $X = h(V)$ gilt. Dazu betrachte man die folgenden Teilschritte:

(i) X nimmt endlich oder abzählbar unendlich viele Werte an.

(ii) Mit X sind auch $Y_n = 2^{-n}[X2^n]$ $\mathcal{G}$-messbare Zufallsvariable.

(iii) Es gibt messbare Funktionen h_n mit $h_n(V) = Y_n$ und $h_1 \le h_2 \le \cdots$.

3.
(i) Seien X, Y die Ergebnisse bei 2-maligem Würfeln. Bestimmen Sie $\mathbf{E}[X \mid X + Y]$.

(ii) Seien X, Y unabhängige Zufallsvariable, beide mit uniformer Verteilung auf $[0,1]$. Begründen Sie die Formel

$$\mathbf{E}[X \mid \max(X, Y)] = \frac{3}{4} \max(X, Y) \text{ f.s.}$$

4. Sei X eine quadratintegrierbare Zufallsvariable und $\mathcal{G}$ ein Teilfeld mit der Eigenschaft, dass X und $\mathbf{E}[X \mid \mathcal{G}]$ identisch verteilt sind. Zeigen Sie, dass dann beide Zufallsvariablen f.s. gleich sind.
Hinweis: Benutzen Sie Lemma 1.3.

5. Seien $V_1, V_2, \ldots$ unabhängige, identisch verteilte, nichtnegative Zufallsvariablen. Unter welchen Bedingungen ist $X_n = V_1 \cdots V_n$ $(X_0 = 1)$ ein Martingal, ein Supermartingal? Folgern Sie, dass dann (abgesehen von dem Ausnahmefall $V_n = 1$ f.s.) die Zufallsvariablen X_n f.s. gegen 0 konvergieren.

6 Galton-Watson-Prozess. Seien $Y_{i,n}$, $i \ge 1$, $n \ge 0$, unabhängige Kopien einer Zufallsvariablen Y mit Werten in $\mathbb{N}_0$. Wir interpretieren $Y_{i,n}$ als die Anzahl der Kinder des Individuums i in Generation n einer Population. Dann gilt für die Anzahlen Z_n, $n \ge 0$, von Individuen in Generation n die Gleichung

$$Z_{n+1} = \sum_{i=1}^{Z_n} Y_{i,n} \, .$$

Der Einfachheit halber nehmen wir $Z_0 = 1$ an. Zeigen Sie:

(i) Unter der Annahme $E[Y] \leq 1$ ist (Z_n) ein Supermartingal.

(ii) Unter den Annahmen $E[Y] \leq 1$ und $P(Y = 1) < 1$ gilt $Z_n \to 0$ f.s. (d. h., die Population stirbt f.s. aus).

(iii) Unter der Annahme $0 < E[Y] < \infty$ ist $M_n := Z_n/E[Z_n]$ f.s. konvergent.

7 Doob-Zerlegung. Sei $Y = (Y_n)_{n\geq0}$ eine an die Filtration $\mathbb{F} = (\mathcal{F}_n)$ adaptierte Folge von integrierbaren Zufallsvariablen. Zeigen Sie:

(i) Die Folge von Zufallsvariablen

$$X_n := Y_n - Y_0 - \sum_{i=1}^{n} E[Y_i - Y_{i-1} \mid \mathcal{F}_{i-1}], \quad n \geq 0,$$

ist ein $\mathbb{F}$-Martingal mit $X_0 = 0$ f.s.

(ii) Die Folge $Z_n := X_n - Y_n$, $n \geq 1$, ist ein $\mathbb{F}$-prävisibler Prozess, d. h., Z_n ist $\mathcal{F}_{n-1}$-messbar für alle $n \geq 1$.

(iii) Ist $Y_n = M_n + P_n$, $n \geq 1$, eine Zerlegung von $(Y_n)_{n\geq0}$ in ein Martingal $(M_n)_{n\geq0}$ mit $M_0 = 0$ f.s. und einen $\mathbb{F}$-prävisiblen Prozess $(P_n)_{n\geq1}$, so folgt $M_n = X_n$ f.s. und $P_n = Z_n$ f.s.

8. Zeigen Sie: Eine an $\mathbb{F}$ adaptierte Folge von integrierbaren Zufallsvariablen (X_n) ist genau dann ein $\mathbb{F}$-Martingal, falls für jede beschränkte $\mathbb{F}$-Stoppzeit T gilt:

$$E[X_T] = E[X_0].$$

Machen Sie sich dazu klar, dass $T = n + I_E$ mit $E \in \mathcal{F}_n$ eine Stoppzeit ist.

9. Für eine $\mathbb{F}$-Stoppzeit T ist $\mathcal{F}_T := \{E \in \mathcal{F}_\infty \mid E \cap \{T \leq n\} \in \mathcal{F}_n\}$ das Teilfeld der T-Vergangenheit. Zeigen Sie: Für Stoppzeiten $S \leq T$ gilt $\mathcal{F}_S \subset \mathcal{F}_T$.

10. Zeigen Sie: Für beliebige Stoppzeiten S, T gilt $\{S \leq T\}$, $\{S = T\} \in \mathcal{F}_T$ sowie

$$\mathcal{F}_{S \wedge T} = \mathcal{F}_S \cap \mathcal{F}_T, \quad \mathcal{F}_{S \vee T} = \{E_1 \cup E_2 : E_1 \in \mathcal{F}_S, E_2 \in \mathcal{F}_T\}.$$

11. Zeigen Sie für eine Stoppzeit T:

(i) T ist $\mathcal{F}_T$-messbar.

(ii) Eine Zufallsvariable Z mit Werten in den reellen Zahlen ist genau dann $\mathcal{F}_T$-messbar, wenn es eine an die Filtration adaptierte Folge $X_0, X_1, \ldots, X_\infty$ von reellwertigen Zufallsvariablen gibt, sodass $Z = X_T$ gilt.
Hinweis: Machen Sie den Ansatz $X_n = ZI_{\{T \leq n\}}$.

12. Ein Martingal (X_n) heißt $\mathcal{L}_2$-Martingal, falls $\sup_n E[X_n^2] < \infty$ gilt. Zeigen Sie, dass (X_n) dann ein uniform integrierbares Martingal ist.

13 Rückwärtsmartingale. Sei $\mathcal{G}_1 \supset \mathcal{G}_2 \supset \cdots$ eine (absteigende!) Folge von Teilfeldern, und sei X eine integrierbare Zufallsvariable. Beweisen Sie, dass $E[X \mid \mathcal{G}_n]$ f.s. und in $\mathcal{L}_1$ gegen $E[X \mid \mathcal{G}_\infty]$ konvergiert, mit $\mathcal{G}_\infty := \bigcap_{n\geq1} \mathcal{G}_n$.

Hinweis: Wenden Sie für jedes $r \geq 1$ das Upcrossing Lemma auf das Martingal $M_n := E[X \mid \mathcal{G}_{r-n}]$, $n = 0, \ldots, r$, an, und benutzen Sie auch Lemma 1.13.

14 Ein Gesetz der Großen Zahlen. Sei $Z_1, Z_2, \ldots$ eine *austauschbare Folge* von integrierbaren Zufallsvariablen (d. h., die gemeinsame Verteilung von $Z_1, \ldots, Z_n$ ändert sich bei Permutation der Indizes nicht). Sei $S_n = Z_1 + \cdots + Z_n$ und

$$\mathcal{G}_n := \sigma(S_n, X_{n+1}, X_{n+2}, \ldots), \quad n \geq 1.$$

Beweisen Sie:

(i) $\mathrm{E}[Z_1 \mid \mathcal{G}_n] = \frac{1}{n} S_n$.

(ii) $\frac{1}{n} S_n$ konvergiert f.s. und in $\mathcal{L}_1$.

Markovketten

2

Eine Markovkette[1] ergibt anschaulich gesprochen einen zufälligen Pfad $X = (X_0, X_1, \ldots)$ durch eine endliche oder abzählbar unendliche Menge S, den Zustandsraum. Die Entstehung des Pfades kann man sich so vorstellen: Erst wird der (feste oder zufällige) Anfangswert X_0 bestimmt. Dann geht es schrittweise mithilfe von Übergangswahrscheinlichkeiten P_{ab}, $a, b \in S$, weiter: Sind schon $X_0, \ldots, X_n$ erzeugt und hat X_n den Wert a, so nimmt X_{n+1} den Wert b mit Wahrscheinlichkeit P_{ab} an. Dabei kommt es nicht mehr auf die Vorgeschichte an, also auf die Werte von $X_0, \ldots, X_{n-1}$. Dies ist die *Markoveigenschaft* (s. [KeWa], S. 97).

Markovketten sind, wie auch schon (Super-)Martingale, Beispiele für stochastische Prozesse. Ein (zeitlich diskreter) *stochastischer Prozess* $X = (X_0, X_1, \ldots)$ ist einfach eine Folge von Zufallsvariablen X_n, die alle denselben Wertebereich haben. Ist dieser Wertebereich gleich der Menge S, so spricht man von einem S-wertigen stochastischen Prozess.

2.1 Ein Beispiel: Symmetrische Irrfahrten

Hier ist der Zustandsraum S das d-dimensionale ganzzahlige Gitter $\mathbb{Z}^d$, $d \geq 1$. Den Startpunkt X_0 wählen wir als den Ursprung $0 = (0, \ldots, 0)$ des $\mathbb{Z}^d$. Die Übergangswahrscheinlichkeiten sind

$$P_{ab} = \begin{cases} \frac{1}{2d}, & \text{falls } b = a \pm e_i \text{ für ein } 1 \leq i \leq d, \\ 0 & \text{sonst,} \end{cases}$$

mit den Einheitsvektoren $e_1 = (1, 0, \ldots, 0)$ bis $e_d = (0, \ldots, 0, 1)$. Der zufällige Pfad $0 = X_0, X_1, \ldots$ entsteht also, indem man schrittweise von jedem erreichten Zustand in rein zufälliger Weise zu einem seiner $2d$ Nachbarn im Gitter wechselt.

---

[1] ANDREI A. MARKOV, *1856 Rjasan, †1922 Petrograd. Mathematiker mit wesentlichen Beiträgen zur Analysis und Wahrscheinlichkeitstheorie. Markov ist Pionier in der Untersuchung von abhängigen Zufallsvariablen.

G. Kersting, A. Wakolbinger, *Stochastische Prozesse*, Mathematik Kompakt, DOI 10.1007/978-3-7643-8433-3_2, © Springer Basel 2014

Die klassische, schon 1921 von Pólya gestellte und beantwortete Frage ist, ob diese *Irr-fahrt durch den* $\mathbb{Z}^d$ mit Wahrscheinlichkeit 1 irgendwann zum Ursprung zurückkehrt. Be-merkenswerterweise ist die Antwort von der Dimension d abhängig. Wir behandeln das Problem, indem wir es passend umformen. Unsere Argumente sind anschaulich, wir wer-den sie im Laufe des Kapitels formal rechtfertigen.

Sei p die Wahrscheinlichkeit der Rückkehr nach 0. Bei Rückkehr beginnt der Vorgang von vorn, unbeeinflusst vom bisherigen Pfadverlauf (später werden wir von der *starken Markoveigenschaft* sprechen). Dies wiederholt sich, solange der Pfad zurückkehrt. Es sind zwei Fälle zu unterscheiden: Entweder gilt $p < 1$, dann wird es mit Wahrscheinlichkeit 1 irgendwann keine Rückkehr mehr geben. Dies entspricht dem Sachverhalt, dass bei einem unendlichen p-Münzwurf mit Wahrscheinlichkeit 1 irgendwann ein Misserfolg eintritt. Oder es ist $p = 1$, dann kehrt man mit Wahrscheinlichkeit 1 unendlich oft in den Urprung zurück.

Wir schauen nun auf die Anzahl

$$V := \#\{n \geq 1 : X_n = 0\}$$

der Rückkünfte nach 0. Im Fall $p < 1$ ist V eine geometrisch verteilte Zufallsvariable und hat dann einen endlichen Erwartungswert. Im Fall $p = 1$ gilt dagegen $V = \infty$ f.s., und auch der Erwartungswert von V ist unendlich. Wir können also unsere Fragestellung behandelt, indem wir $\mathbf{E}[V]$ betrachten. Es gilt

$$V = \sum_{n=1}^{\infty} I_{\{X_n=0\}}$$

und infolgedessen nach dem Satz von der monotonen Konvergenz

$$\mathbf{E}[V] = \sum_{n=1}^{\infty} \mathbf{P}(X_n = 0) \, .$$

Wir untersuchen also die Konvergenz dieser Reihe.

Wir stellen nun eine Formel für $\mathbf{P}(X_n = 0)$ auf. Offenbar kann man nur in einer geraden Anzahl von Schritten mit positiver Wahrscheinlichkeit nach 0 zurückkehren. Geht man dabei n_i Schritte in die positive Richtung des i-ten Einheitsvektors, so muss man auch n_i Schritte in die entgegengesetzte Richtung gehen. Auf die Reihenfolge der Schritte kommt es nicht an, deswegen gilt

$$\mathbf{P}(X_{2n} = 0) = \sum_{n_1+\cdots+n_d=n} \binom{2n}{n_1, n_1, \ldots, n_d, n_d}(2d)^{-2n} \, .$$

Für $d = 1$ erhalten wir mit der Stirlingapproximation (vgl. [KeWa], s. S. 4) die asymptotische Aussage

$$\mathbf{P}(X_{2n} = 0) = \binom{2n}{n}2^{-2n} \sim \frac{1}{\sqrt{\pi n}} \, ,$$

daher gilt $\sum_{n=1}^{\infty} \mathbf{P}(X_n = 0) = \infty$. Die Irrfahrt kehrt also mit Wahrscheinlichkeit 1 zum Ursprung zurück, man sagt, die 1-dimensionale Irrfahrt ist *rekurrent*.

Für $d = 2$ folgt nach einer Umformung

$$\mathbf{P}(X_{2n} = 0) = \sum_{n_1=0}^{n} \binom{2n}{n}\binom{n}{n_1}\binom{n}{n-n_1} 4^{-2n} = \binom{2n}{n}^2 4^{-2n} \sim \frac{1}{\pi n}.$$

Erneut gilt $\sum_{n=1}^{\infty} \mathbf{P}(X_n = 0) = \infty$, auch die 2-dimensionale Irrfahrt ist rekurrent.

Der Fall $d \geq 3$ ist etwas komplizierter. Hier benutzen wir die Gleichungen

$$\binom{2n}{n_1, n_1, \ldots, n_d, n_d} = \binom{2n_1}{n_1} \cdots \binom{2n_d}{n_d}\binom{2n}{2n_1, \ldots, 2n_d}$$

und

$$\binom{2n}{2n_1, \ldots, 2n_d} = \frac{(2n_1 + 1) \cdots (2n_d + 1)}{(2n + 1) \cdots (2n + d)}\binom{2n + d}{2n_1 + 1, \ldots, 2n_d + 1}.$$

Nun gibt es ein $c > 0$, so dass $\binom{2k}{k} \leq c 2^{2k}(2k+1)^{-1/2}$ für alle $k \geq 0$ und folglich

$$(2n_i + 1)\binom{2n_i}{n_i} \leq c 2^{2n_i}(2n_i + 1)^{\frac{1}{2}} \leq c 2^{2n_i}(2n + 1)^{\frac{1}{2}}$$

für $i = 1, \ldots, d$. Dies ergibt

$$\binom{2n}{n_1, n_1, \ldots, n_d, n_d} \leq c^d n^{-\frac{d}{2}} 2^{2n}\binom{2n + d}{2n_1 + 1, \ldots, 2n_d + 1}.$$

Da sich die Größen $\binom{2n+d}{m_1, \ldots, m_d}$ mit $m_1 + \cdots + m_d = 2n + d$ zu d^{2n+d} aufsummieren, folgt

$$\sum_{n_1 + \cdots + n_d = n}\binom{2n}{n_1, n_1, \ldots, n_d, n_d} \leq (cd)^d n^{-\frac{d}{2}}(2d)^{2n}$$

und

$$\mathbf{P}(X_{2n} = 0) \leq (cd)^d n^{-\frac{d}{2}}.$$

Für $d \geq 3$ folgt $\sum_{n=1}^{\infty} \mathbf{P}(X_n = 0) < \infty$. Nun ist die Rückkehrwahrscheinlichkeit echt kleiner als 1. Man sagt dann, dass die Irrfahrt *transient* ist.

Wenn wir hier von einem zufälligen Pfad X durch einen Raum S gesprochen haben, so kann man dies auf zweierlei Weise auffassen. Einerseits kann man an eine Folge $(X_n)_{n \geq 0}$ von S-wertigen Zufallsvariablen denken, wie wir dies bisher getan haben. Man kann X aber auch als eine *zufällige Folge* betrachten, d. h. als eine Zufallsvariable mit dem Wertebereich

$$\tilde{S} = S^{\mathbb{N}_0} := \{(a_0, a_1, \ldots) : a_n \in S\},$$

dem *Folgenraum* oder *Pfadraum* von S. Wie jeden Wertebereich muss man dann $\tilde{S}$ mit einer σ-Algebra versehen. Dazu erweist sich die kleinste σ-Algebra $\tilde{\mathcal{B}}$ geeignet, die (sofern S abzählbar ist) alle Mengen $C \times S^{\{n+1,n+2,\ldots\}}$ mit $C \subset S^{\{0,1,\ldots,n\}}$ und $n < \infty$ enthält. Wie jede Zufallsvariable hat X nun auch eine Verteilung μ, gegeben durch

$$\mu(B) = \mathbf{P}(X \in B), \quad B \in \tilde{\mathcal{B}}.$$

Insbesondere gilt

$$\mu\left(C \times S^{\mathbb{N}_0}\right) = \mathbf{P}\left((X_0, \ldots, X_n) \in C\right).$$

Diese Wahrscheinlichkeiten bestimmen dann μ eindeutig, wie aus dem Eindeutigkeitssatz für Maße folgt. Anders ausgedrückt: Die Verteilungen der endlichen Folgenabschnitte $(X_0, \ldots, X_n)$ mit $n \geq 0$ legen die Verteilung der unendlichen Gesamtfolge $X = (X_0, X_1, \ldots)$ eindeutig fest. Man sagt, μ ist durch die *endlichdimensionalen Verteilungen* bestimmt. Dies gilt insbesondere für Erwartungswerte der Gestalt

$$\mathbf{E}[f(X_0, X_1, \ldots)]$$

mit messbaren Funktionen $f : \tilde{S} \to \mathbb{R}$.

2.2 Markovketten: Definition und Eigenschaften

Sei S eine endliche oder abzählbar unendliche Menge. Eine Matrix

$$P = (P_{ab})_{a,b \in S}$$

heißt *stochastische Matrix*, falls gilt

$$P_{ab} \geq 0 \text{ für } a, b \in S \quad \text{und} \quad \sum_{b \in S} P_{ab} = 1 \text{ für } a \in S.$$

Definition

Sei S abzählbar und $P = (P_{ab})_{a,b \in S}$ eine stochastische Matrix. Eine Folge von S-wertigen Zufallsvariablen $X_0, X_1, \ldots$ heißt *Markovkette* mit *Zustandsraum* S und *Übergangsmatrix* P bzw. *Übergangswahrscheinlichkeiten* P_{ab}, falls

$$\mathbf{P}\left(X_{n+1} = b \mid X_n = a, X_{n-1} = a_{n-1}, \ldots, X_0 = a_0\right) = P_{ab}$$

für $n \geq 0, a_0, \ldots, a_{n-1}, a, b \in S$ gilt, sofern das bedingende Ereignis strikt positive Wahrscheinlichkeit hat.

Dabei wird n häufig als diskreter Zeitparameter aufgefasst. Die formulierte Bedingung heißt *Markoveigenschaft*. Sie lässt sich noch anders ausdrücken, z. B. nach (1.5) (wenn man dort V und X durch $(X_0, \ldots, X_n)$ und $I_{\{X_{n+1}=b\}}$ ersetzt), als

$$\mathbf{P}(X_{n+1} = b \mid X_n, \ldots, X_0) = P_{X_n b} \quad \text{f.s.} \tag{2.1}$$

Nach den Eigenschaften von bedingten Erwartungen folgt für $a_0, \ldots, a_n \in S$

$$\begin{aligned}
\mathbf{P}(X_n &= a_n, X_{n-1} = a_{n-1}, \ldots, X_0 = a_0) \\
&= \mathbf{E}\big[\mathbf{P}(X_n = a_n \mid X_{n-1}, \ldots, X_0); X_{n-1} = a_{n-1}, \ldots, X_0 = a_0\big] \\
&= P_{a_{n-1}a_n} \mathbf{P}(X_{n-1} = a_{n-1}, \ldots, X_0 = a_0)
\end{aligned}$$

und induktiv

$$\mathbf{P}(X_0 = a_0, \ldots, X_n = a_n) = \rho_{a_0} P_{a_0 a_1} \cdots P_{a_{n-1} a_n} \tag{2.2}$$

mit

$$\rho_a = \mathbf{P}(X_0 = a), \quad a \in S.$$

Dies ist die „elementare" Version der Markoveigenschaft und zeigt, wie sich die Verteilungen von $X_1, \ldots, X_n$ aus der *Anfangsverteilung* $\rho = (\rho_a)_{a \in S}$, also der Verteilung von X_0, und den Übergangswahrscheinlichkeiten bestimmen. Manchmal ist es günstig, die Anfangsverteilung als Index zu führen, also $\mathbf{P}_\rho(\cdot)$ statt $\mathbf{P}(\cdot)$ zu notieren. Statt $\mathbf{P}_{\delta_a}(\cdot)$ schreibt man kurz $\mathbf{P}_a(\cdot)$; unter $\mathbf{P}_a$ gilt somit $X_0 = a$ f.s.

Aus (2.2) folgt

$$\mathbf{P}_a(X_n = b) = P_{ab}^n, \tag{2.3}$$

wobei $P^n = P \cdots P$ das n-fache Matrixprodukt von P mit sich selbst bezeichnet.

Die Gleichung (2.1) legt es nahe, den Begriff einer Markovkette auf beliebige Filtrationen zu verallgemeinern (wie im letzten Kapitel bei den Martingalen).

Definition

Sei $\mathbb{F} = (\mathcal{F}_n)_{n \geq 0}$ eine Filtration, $X = (X_n)_{n \geq 0}$ ein an $\mathbb{F}$ adaptierter stochastischer Prozess mit Werten in der abzählbaren Menge S und $P = (P_{ab})_{a,b \in S}$ eine stochastische Matrix. Dann heißt X eine Markovkette bezüglich $\mathbb{F}$ mit Übergangsmatrix P, falls

$$\mathbf{P}(X_{n+1} = b \mid \mathcal{F}_n) = P_{X_n b} \quad \text{f.s.}$$

für $a \in S$ und $n \geq 0$ gilt.

Mit Lemma 1.2 (ii), der Turmeigenschaft bedingter Erwartungen, kann man immer zur natürlichen Filtration $(\mathcal{F}(X_0, \ldots, X_n))_{n \geq 0}$ zurückkehren, was sich aber nicht immer empfiehlt.

Mithilfe von Stoppzeiten lässt sich die Markoveigenschaft weiter verallgemeinern. Wir erinnern: Eine Zufallsvariable T mit Werten in $\{0, 1, \ldots, \infty\}$ heißt $\mathbb{F}$-Stoppzeit, falls $\{T \leq n\} \in \mathcal{F}_n$, und das Teilfeld der T-Vergangenheit ist

$$\mathcal{F}_T = \left\{ E \in \mathcal{F}_\infty : E \cap \{T \leq n\} \in \mathcal{F}_n \text{ für } n \geq 0 \right\}.$$

Satz 2.1 *Für eine Markovkette (X_n) und eine Stoppzeit T gilt*

$$\mathbf{P}(X_{T+1} = b, T < \infty \mid \mathcal{F}_T) = P_{X_T b} I_{\{T < \infty\}} \ f.s.$$

Beweis Sei $E \in \mathcal{F}_T$. Für $n \geq 0$ gilt dann $E \cap \{T = n\} \in \mathcal{F}_n$. Es folgt

$$\mathbf{P}(X_{T+1} = b, E, T = n) = \mathbf{P}(X_{n+1} = b, E, T = n)$$
$$= \mathbf{E}[P_{X_n b}; E, T = n] = \mathbf{E}[P_{X_T b}; E, T = n]$$

und mittels Summation über $n \geq 0$

$$\mathbf{E}[\mathbf{P}(X_{T+1} = b, T < \infty \mid \mathcal{F}_T); E] = \mathbf{P}(X_{T+1} = b, T < \infty, E) = \mathbf{E}[P_{X_T b} I_{\{T < \infty\}}; E].$$

Die Behauptung folgt nun mit Lemma 1.1, da $P_{X_T b} I_{\{T < \infty\}}$ $\mathcal{F}_T$-messbar ist. $\qquad\square$

Der Satz lässt sich verallgemeinern: Mit T ist für $n \geq 0$ auch $T + n$ eine Stoppzeit. Wegen $\{T + n < \infty\} = \{T < \infty\}$ besagt der Satz nun, dass

$$\mathbf{P}(X_{T+n+1} = b, T < \infty \mid \mathcal{F}_{T+n}) = P_{X_{T+n} b} I_{\{T < \infty\}} \ \text{f.s.}$$

Dies besagt, dass der auf dem Ereignis $\{T < \infty\}$ definierte stochastische Prozess

$$X' = (X'_0, X'_1, \ldots) := (X_T, X_{T+1}, \ldots)$$

eine Markovkette mit Übergangsmatrix P zur Filtration $\mathbb{F}' = (\mathcal{F}_{T+n})_{n \geq 0}$ ist. Die Stoppzeit T geht in X' über den Startwert $X'_0 = X_T$ ein. Davon abgesehen entwickelt sich X' unabhängig von der Vorgeschichte $X_0, \ldots, X_T$, genauer: Bedingt unter seinem Startwert X_T ist X' unabhängig von $\mathcal{F}_T$. In Formeln ausgedrückt:

$$\mathbf{E}[f(X_T, X_{T+1}, \ldots) I_{\{T < \infty\}} \mid \mathcal{F}_T] = \mathbf{E}_{X_T}[f(X_0, X_1, \ldots)] I_{\{T < \infty\}} \ \text{f.s.}$$

für beschränktes messbares $f : S^{\mathbb{N}_0} \to \mathbb{R}$.

Dies ist die *starke Markoveigenschaft*. Wir werden sie im Folgenden wiederholt anwenden, und zwar für die Stoppzeit

$$\tau_a := \min\{n \geq 1 : X_n = a\}, \quad a \in S.$$

Der Wert ∞ ist möglich. Da $\tau_a \geq 1$, handelt es sich um den *Zeitpunkt der ersten Rückkehr* nach a, sofern die Markovkette in a startet. Andernfalls ist τ_a die erste Treffzeit von a.

Allgemeiner lassen sich die k-ten Rückkehrzeiten $\tau_{a,k}$ betrachten. Sie werden für $k \geq 1$ rekursiv definiert durch

$$\tau_{a,1} := \tau_a, \quad \tau_{a,k+1} := \min\{n > \tau_{a,k} : X_n = a\}$$

mit der Konvention $\tau_{a,k+1} = \infty$, falls $\tau_{a,k} = \infty$.

Beispiel

Es ist $\tilde{\tau}_a = \tau_{a,2} - \tau_a$ auf dem Ereignis $\tau_a < \infty$ die erste Rückkehrzeit für die Markovkette $\tilde{X} = (X_{\tau_a}, X_{\tau_a+1}, \ldots)$. Deren Startwert ist a, nach der starken Markoveigenschaft gilt also

$$\mathbf{P}(\tau_{a,2} < \infty, \tau_a < \infty \mid \mathcal{F}_{\tau_a}) = \mathbf{P}_a(\tilde{\tau}_a < \infty) I_{\{\tau_a < \infty\}} = \mathbf{P}_a(\tau_a < \infty) I_{\{\tau_a < \infty\}} \text{ f.s.}$$

Durch Übergang zum Erwartungswert folgt

$$\mathbf{P}(\tau_{a,2} < \infty) = \mathbf{P}(\tau_a < \infty)\mathbf{P}_a(\tau_a < \infty).$$

Rekursiv erhält man allgemeiner für alle $k \geq 1$

$$\mathbf{P}(\tau_{a,k} < \infty) = \mathbf{P}(\tau_a < \infty)\mathbf{P}_a(\tau_a < \infty)^{k-1}. \tag{2.4}$$

Mit den Rückkehrzeiten lässt sich eine Markovkette (X_n) in *Exkursionen* von a aus zerlegen, nämlich in die Pfadstücke

$$H^0 = (X_0, \ldots, X_{\tau_{a,1}-1}), \quad H^1 = (X_{\tau_{a,1}}, \ldots, X_{\tau_{a,2}-1}), \quad H^2 = \cdots.$$

Sind die Rückkehrzeiten alle f.s. endlich, so zerfällt der Pfad $(X_0, X_1, \ldots)$ auf diese Weise in unendlich viele unabhängige Pfadstücke, die (abgesehen von H^0, falls die Kette nicht f.s. in a startet) auch noch identisch verteilt sind. Findet aber mit positiver Wahrscheinlichkeit keine Rückkehr nach a statt, so hat man f.s. nur endlich viele Exkursionen, von denen die letzte unendlich lang ist.

Dies führt uns zum Thema des nächsten Abschnitts, nämlich zur Frage nach der Rückkehrwahrscheinlichkeit in einen Zustand.

2.3 Rekurrenz und Transienz

Für eine Markovkette (X_n) mit Werten in S sind die Wahrscheinlichkeiten

$$\mathbf{P}_a(\tau_a < \infty) \quad \text{und} \quad \mathbf{P}_a(\tau_a = \infty), \quad a \in S,$$

die *Rückkehrwahrscheinlichkeit* nach a und die *Fluchtwahrscheinlichkeit* von a.

Definition

Der Zustand $a \in S$ heißt *rekurrent*, falls $\mathbf{P}_a(\tau_a < \infty) = 1$, und er heißt *transient*, falls $\mathbf{P}_a(\tau_a < \infty) < 1$. Eine Markovkette heißt rekurrent (transient), falls alle ihre Zustände rekurrent (transient) sind.

Wir drücken nun Rekurrenz und Transienz von $a \in S$ mit der Zufallsvariablen

$$V_a := \#\{n \geq 1 : X_n = a\}$$

aus, der Anzahl der Besuche der Markovkette im Zustand a.

Lemma 2.2 *Sei $a \in S$. Ist a ein rekurrenter Zustand, so gilt $\mathbf{P}_a(V_a = \infty) = 1$. Ist dagegen a ein transienter Zustand, so erhält man bei beliebiger Startverteilung $\mathbf{P}(V_a = \infty) = 0$ und $\mathbf{E}[V_a] < \infty$.*

Beweis Es gilt $\{V_a \geq k\} = \{\tau_{a,k} < \infty\}$, nach (2.4) folgt also

$$\mathbf{P}(V_a \geq k) = \mathbf{P}(\tau_a < \infty)\mathbf{P}_a(\tau_a < \infty)^{k-1} .$$

Für einen rekurrenten Zustand ist daher $\mathbf{P}_a(V_a \geq k) = \mathbf{P}_a(\tau_a < \infty)^k = 1$ für alle $k \geq 1$. Der Grenzübergang $k \to \infty$ ergibt die erste Behauptung. Für einen transienten Zustand folgt genauso $\mathbf{P}(V_a = \infty) = 0$. Außerdem ist dann der Erwartungswert $\mathbf{E}[V_a] = \sum_{k \geq 1} \mathbf{P}(V_a \geq k)$ endlich.   □

Beispiel (Endlicher Zustandsraum)
Jede Markovkette mit endlichem Zustandsraum S hat mindestens einen rekurrenten Zustand: Es gilt immer

$$\sum_{a \in S} V_a = \infty .$$

Bei endlichem S ist also die Vereinigung der Ereignisse $\{V_a = \infty\}$, $a \in S$, gleich dem sicheren Ereignis, insbesondere muss es einen Zustand a mit $\mathbf{P}(V_a = \infty) > 0$ geben (auf die Anfangsverteilung kommt es hier nicht an). Nach dem Lemma ist dieser Zustand rekurrent.

Nach dem Lemma gilt im rekurrenten Fall $\mathbf{E}_a[V_a] = \infty$ und im transienten $\mathbf{E}_a[V_a] < \infty$. Nun gilt $V_a = \sum_{n \geq 1} I_{\{X_n = a\}}$ und folglich nach dem Satz von der monotonen Konvergenz

$$\mathbf{E}_a[V_a] = \sum_{n=1}^{\infty} \mathbf{P}_a(X_n = a) .$$

Dies führt uns zu einem klassischen Kriterium, von dem wir schon im einleitenden Beispiel Gebrauch gemacht haben.

Satz 2.3 *Ein Zustand $a \in S$ der Markovkette (X_n) ist genau dann rekurrent, wenn*

$$\sum_{n=1}^{\infty} \mathbf{P}_a(X_n = a) = \infty$$

gilt.

Von rekurrenten Zuständen aus kann man nicht in transiente überwechseln, und zwischen rekurrenten Zuständen gibt es ein ständiges Hin und Her, sofern sie nicht gegenseitig unerreichbar sind. Genauer gilt die folgende Aussage.

Lemma 2.4 *Sei $a \in S$ rekurrent und $b \neq a$ ein Zustand, der von a aus mit positiver Wahrscheinlichkeit erreicht wird, also $\mathbf{P}_a(\tau_b < \infty) > 0$. Dann ist auch b rekurrent und $\mathbf{P}_a(\tau_b < \infty) = \mathbf{P}_b(\tau_a < \infty) = 1$.*

Beweis Da a rekurrent ist, gilt $\tau_a = \tau_{a,1} < \tau_{a,2} < \cdots < \infty$ f.s. nach Lemma 2.2. Sei $p := \mathbf{P}_a(\tau_b > \tau_a)$. Es folgt $\mathbf{P}_a(\tau_b > \tau_{a,k}) = p^k$ nach der starken Markoveigenschaft. Im Grenzübergang $k \to \infty$ erhalten wir, dass $\mathbf{P}_a(\tau_b = \infty)$ gleich 0 oder 1 ist. Nach Annahme folgt $\mathbf{P}_a(\tau_b = \infty) = 0$, also $P_a(\tau_b < \infty) = 1$.

Weiter gilt $E := \{\tau_b < \infty, X_{\tau_b+1} \neq a, X_{\tau_b+2} \neq a, \ldots\} \subset \{V_a < \infty\}$ und deswegen nach der starken Markoveigenschaft und Lemma 2.2

$$\mathbf{P}_a(\tau_b < \infty)\mathbf{P}_b(\tau_a = \infty) = \mathbf{P}_a(E) \leq \mathbf{P}_a(V_a < \infty) = 0 \,.$$

Nach Annahme folgt $\mathbf{P}_b(\tau_a = \infty) = 0$ bzw. $\mathbf{P}_b(\tau_a < \infty) = 1$.

Schließlich gilt $\mathbf{P}_b(\tau_b < \infty) \geq \mathbf{P}_b(\tau_a < \infty)\mathbf{P}_a(\tau_b < \infty) = 1$. Also ist b rekurrent. $\square$

Aus dem Lemma wird klar, dass durch die Relation „b ist von a erreichbar"

$$a \sim b \quad :\Leftrightarrow \quad \mathbf{P}_a(\tau_b < \infty) > 0 \quad \left(\Leftrightarrow \quad \mathbf{P}_a(X_n = b) > 0 \text{ für ein } n \geq 1 \right)$$

auf der Teilmenge aller rekurrenten Zustände in S eine Äquivalenzrelation gegeben ist. Die Menge der rekurrenten Zustände einer Markovkette zerfällt also in Äquivalenzklassen, in *rekurrente Klassen* $C_1, C_2, \ldots$ „kommunizierender Zustände". Innerhalb einer Klasse erreicht die Markovkette mit Wahrscheinlichkeit 1 jeden Zustand von jedem anderen aus. Ein Wechsel in eine andere rekurrente Klasse oder zu transienten Zuständen findet dagegen mit Wahrscheinlichkeit 1 nicht statt. Man kann daher den Zustandsraum einer Markovkette immer auf eine (oder mehrere) ihrer rekurrenten Klassen einschränken.

2.4   Stationarität

Wir betrachten nun Gleichgewichtszustände einer Markovkette. Damit sind keine Elemente des Zustandsraumes S gemeint, sondern bestimmte Maße und Wahrscheinlichkeitsverteilungen auf S.

Definition

Sei (X_n) eine Markovkette mit Übergangsmatrix $P = (P_{ab})_{a,b \in S}$. Dann heißt $\mu = (\mu_a)_{a \in S}$ ein *invariantes* (oder *stationäres*) *Maß* der Kette, falls für die Gewichte von μ

$$0 \le \mu_a < \infty, \quad a \in S,$$

gilt, und falls die Gleichungen

$$\sum_{a \in S} \mu_a P_{ab} = \mu_b, \quad b \in S,$$

erfüllt sind.

Das Gleichungssystem schreiben wir in Matrixschreibweise auch kurz als

$$\mu P = \mu.$$

Iteration ergibt $\mu P^n = \mu$ für alle $n \ge 1$, oder auch nach (2.3)

$$\sum_{a \in S} \mu_a \mathbf{P}_a(X_n = b) = \mu_b. \tag{2.5}$$

Man kann sich invariante Maße verschieden veranschaulichen. Man kann an Massen μ_a denken, die in den Zuständen a sitzen und die mittels P neu über S verteilt werden, und zwar so, dass von μ_a der Anteil $\mu_a P_{ab}$ nach $b \in S$ verschoben wird. Hat man dies für jeden Zustand $a \in S$ vollzogen, so findet sich anschließend in b die Masse $\sum_{a \in S} \mu_a P_{ab}$. Stationarität bedeutet, dass sich dabei μ reproduziert.

Diesem Schema kann man auch ein wahrscheinlichkeitstheoretisches Gewand geben. Stellen wir uns vor, dass sich an jeder Stelle $a \in S$ eine zufällige Anzahl Z_a von Partikeln befinden, die sich dann durch S nach Art einer Markovkette fortbewegen, alle mit derselben Übergangsmatrix P. Wir setzen $\mu_a := \mathbf{E}[Z_a]$. Dann ist nach einem Schritt die Anzahl der Partikel in b in Erwartung gleich $\sum_a \mu_a P_{ab}$. Ist also μ ein invariantes Maß, so bleibt die erwartete Partikelzahl im Zustand a in der zeitlichen Entwicklung konstant.

Invariante Maße gibt es sowohl bei Rekurrenz als auch bei Transienz. So ist für die symmetrische Irrfahrt auf $\mathbb{Z}^d$ durch $\mu_a = 1$, $a \in \mathbb{Z}^d$, ein invariantes Maß μ gegeben. Das gilt im rekurrenten Fall $d \le 2$ ebenso wie im transienten Fall $d \ge 3$.

Jedoch lässt sich für transiente Markovketten im Allgemeinen wenig über invariante Maße aussagen. Im rekurrenten Fall ist das anders.

Satz 2.5 *Sei C eine rekurrente Klasse des Zustandsraumes S. Dann gibt es ein invariantes Maß $\mu \neq 0$, dessen Masse vollständig auf C konzentriert ist. μ ist bis auf einen konstanten Faktor eindeutig bestimmt, und es gilt*

$$0 < \mu_a < \infty \quad \text{für alle } a \in C.$$

Beweis Sei $c \in C$ fest gewählt. Wir setzen μ_a als die erwartete Anzahl von Aufenthalten in a während einer Exkursion der Markovkette von c nach c, in Formeln

$$\mu_a := \mathbf{E}_c\left[\sum_{n=0}^{\tau_c - 1} I_{\{X_n = a\}} \right] = \mathbf{E}_c\left[\sum_{n=1}^{\tau_c} I_{\{X_n = a\}} \right]. \tag{2.6}$$

Beide Erwartungswerte sind gleich: Es gilt $\tau_c < \infty$ f.s. wegen der Rekurrenz von c und folglich $X_0 = X_{\tau_c} = c$ f.s., sofern c der Startwert ist. Die Invarianz von μ wird damit plausibel: μ_b ist die erwartete Anzahl der Besuche in b zwischen den Zeitpunkten 0 und $\tau_c - 1$, und $\sum_a \mu_a P_{ab}$ erweist sich als die erwartete Anzahl der Besuche in b zwischen 1 und τ_c (dabei ist a der unmittelbar vor b erreichte Zustand).

Wir führen dies genauer aus. Es gilt

$$\mu_a = \mathbf{E}_c\left[\sum_{n=0}^{\infty} I_{\{\tau_c > n, X_n = a\}} \right] = \sum_{n=0}^{\infty} \mathbf{P}(\tau_c > n, X_n = a).$$

Wegen $\{\tau_c > n\} = \{\tau_c \leq n\}^c \in \mathcal{F}_n$ und der Markoveigenschaft gilt

$$\mathbf{P}_c(\tau_c > n, X_n = a)P_{ab} = \mathbf{P}_c(\tau_c > n, X_n = a, X_{n+1} = b).$$

Durch Summation folgt

$$\sum_a \mu_a P_{ab} = \sum_{n=0}^{\infty} \sum_a \mathbf{P}_c(\tau_c > n, X_n = a, X_{n+1} = b)$$

$$= \sum_{n=0}^{\infty} \mathbf{P}_c(\tau_c > n, X_{n+1} = b),$$

also (mit $m = n + 1$)

$$\sum_a \mu_a P_{ab} = \mathbf{E}_c\left[\sum_{n=0}^{\infty} I_{\{\tau_c > n, X_{n+1} = b\}} \right] = \mathbf{E}_c\left[\sum_{m=1}^{\tau_c} I_{\{X_m = b\}} \right].$$

Wie schon begründet, ist dieser Ausdruck wegen der Rekurrenz von c, gleich μ_b, und wir erhalten

$$\mu P = \mu.$$

Auch ist $\mu_a = 0$ für alle $a \in S \setminus C$. Zu zeigen bleibt $0 < \mu_a < \infty$ für alle $a \in C$.

Sei v irgendein auf C konzentriertes Maß mit $vP = v$. Durch Iteration folgt $vP^n = v$ für alle $n \geq 1$ und folglich für alle $a, b \in C$

$$v_a \mathbf{P}_a(X_n = b) \leq v_b \,.$$

In dieser Ungleichung können wir n so wählen, dass $\mathbf{P}_a(X_n = b) > 0$ ist. Dies hat zwei Konsequenzen: Ist ein Gewicht v_b endlich, so sind alle Gewichte v_a endlich. Und verschwindet ein Gewicht, so verschwinden alle Gewichte. Wegen $\mu_c = 1$ folgt insbesondere $0 < \mu_a < \infty$ für alle $a \in C$.

Wir wenden uns nun der Frage der Eindeutigkeit zu. Sei v irgendein auf C konzentriertes invariantes Maß mit nicht verschwindender Gesamtmasse. Dann können wir also ohne Einschränkung $v_c = 1$ annehmen. Für $a \in C$ folgt

$$
\begin{aligned}
v_a &= \sum_{a_1} v_{a_1} P_{a_1 a} = \sum_{a_1 \neq c} v_{a_1} P_{a_1 a} + P_{ca} \\
&= \sum_{a_2, a_1 \neq c} v_{a_2} P_{a_2 a_1} P_{a_1 a} + \sum_{a_1 \neq c} P_{ca_1} P_{a_1 a} + P_{ca} = \cdots \\
&= \sum_{a_{n+1}, \ldots, a_1 \neq c} v_{a_{n+1}} P_{a_{n+1} a_n} \cdots P_{a_1 a} + \sum_{a_n, \ldots, a_1 \neq c} P_{ca_n} \cdots P_{a_1 a} + \cdots + P_{ca}
\end{aligned}
$$

und ohne die erste Summe

$$v_a \geq \mathbf{P}_c(X_n = a, \tau_c \geq n) + \cdots + \mathbf{P}_c(X_1 = a, \tau_c \geq 1) \,.$$

Der Grenzübergang $n \to \infty$ ergibt

$$v_a \geq \sum_{n=1}^{\infty} \mathbf{P}_c(X_n = a, \tau_c \geq n) = \mathbf{E}_c\left[\sum_{n=1}^{\tau_c} I_{\{X_n = a\}} \right] = \mu_a \,.$$

Daher ist auch $\rho := v - \mu$ ein invariantes Maß, mit der zusätzlichen Eigenschaft $\rho_c = 0$. Wie wir gesehen haben, impliziert dies $\rho = 0$ und folglich $\mu = v$. Dies ergibt die Eindeutigkeit.

$\square$

Die Gesamtmasse des in (2.6) definierten Maßes lässt sich stochastisch interpretieren:

$$\mu(S) = \sum_{a \in S} \mu_a = \mathbf{E}_c\left[\sum_{n=0}^{\tau_c - 1} \sum_{a \in S} I_{\{X_n = a\}} \right] = \mathbf{E}_c[\tau_c] \,. \tag{2.7}$$

Dies motiviert die folgende Sprechweise:

Definition

Sei a ein rekurrenter Zustand einer Markovkette. Dann heißt a *positiv rekurrent*, falls $\mathbf{E}_a[\tau_a] < \infty$, und *nullrekurrent*, falls $\mathbf{E}_a[\tau_a] = \infty$.

Diese Eigenschaften sind verträglich mit der Relation $a \sim b$, es handelt sich somit bei der positiven Rekurrenz und der Nullrekurrenz um Eigenschaften der rekurrenten Klassen. Dies ergibt sich aus den nächsten beiden Sätzen.

Besonders wichtig ist der Fall eines normierten invarianten Maßes.

Definition

Ein invariantes Maß $\pi = (\pi_a)_{a \in S}$ einer Markovkette heißt eine *stationäre Verteilung* oder *Gleichgewichtsverteilung*, falls auch noch die Bedingung

$$\sum_{a \in S} \pi_a = 1$$

erfüllt ist.

Eine Gleichgewichtsverteilung π hat gegenüber einem unendlichen invarianten Maß den Vorteil, dass man sie auch als Startverteilung der Markovkette benutzen kann. Dann schreibt sich (2.5) als

$$\mathbf{P}_\pi(X_n = b) = \pi_b . \tag{2.8}$$

Dies bedeutet, dass nun die Verteilung von X_n von n unabhängig ist. In diesem Sinne befindet sich die Markovkette dann im statistischen Gleichgewicht.

Gleichgewichtsverteilungen lassen sich sehr übersichtlich charakterisieren.

Satz 2.6 *Zu jeder positiv rekurrenten Klasse C gibt es genau eine Gleichgewichtsverteilung π mit $\pi(C) = 1$. Diese hat die Gewichte*

$$\pi_a = \frac{1}{\mathbf{E}_a[\tau_a]} , \quad a \in C .$$

Beweis Die behauptete Eindeutigkeit folgt aus der Eindeutigkeitsaussage von Satz 2.5. Wählen wir ein $c \in C$ und normieren wir das in (2.6) konstruierte μ durch seine (wegen (2.7) und der positiven Rekurrenz von C endliche) Gesamtmasse, dann bekommen wir eine Gleichgewichtsverteilung π mit $\pi(C) = 1$ und

$$\pi_c = \frac{\mu_c}{\mathbf{E}_c[\tau_c]} = \frac{1}{\mathbf{E}_c[\tau_c]} .$$

Da $c \in C$ beliebig ist, folgt die Behauptung. $\square$

Umgekehrt gilt die folgende Aussage.

Satz 2.7 *Jede Gleichgewichtsverteilung π ist auf den positiv rekurrenten Zuständen konzentriert.*

Beweis Es sei $a \in S$ mit $\pi_a > 0$. Es bezeichne wieder V_a die Anzahl der Besuche der Markovkette in a. Für alle $r \geq 1$ gilt dann $\sum_{n=1}^{r} I_{\{X_n = a\}} \leq V_a$ und folglich gemäß (2.8)

$$ r\pi_a = \sum_{n=1}^{r} \mathbf{P}_\pi(X_n = a) \leq \mathbf{E}_\pi[V_a] \, . $$

Aus $\pi_a > 0$ folgt also $\mathbf{E}_\pi[V_a] = \infty$. Nach Lemma 2.2 ist daher a rekurrent. Sei C die rekurrente Klasse, zu der a gehört. Die Einschränkung von π auf C (definiert durch $v(b) = \pi(b)$ für $b \in C$ und $v(b) = 0$ für $b \notin C$) ist ein stationäres Maß mit endlicher Gesamtmasse. Daher ist aufgrund von (2.7) und Satz 2.5 der Zustand a positiv rekurrent.   □

Beispiel (Endlicher Zustandsraum)
Wir haben früher gesehen, dass jede Markovkette mit endlichem Zustandsraum S einen rekurrenten Zustand a enthält. Wir überzeugen uns nun, dass a auch positiv rekurrent ist. Nach Satz 2.5 gibt es dann nämlich ein stationäres Maß μ mit $\mu_a > 0$. Da S endlich ist, kann man μ zu einer Gleichgewichtsverteilung π normieren. Da auch $\pi_a > 0$ gilt, folgt $\mathbf{E}_a[\tau_a] < \infty$ nach Satz 2.7.

Die stationären Verteilungen in den beiden folgenden Beispielen sind von spezieller Natur. Erfüllt eine W-Verteilung $\pi = (\pi_a)$ die Gleichungen

$$ \pi_a P_{ab} = \pi_b P_{ba} \, , \quad a, b \in S \, , $$

so heißt π *reversibel* bezüglich P. Auch eine Markovkette (X_n) mit π als Startverteilung nennt man reversibel. Eine kurze Rechnung zeigt, dass dann π Gleichgewichtsverteilung ist, und es gilt

$$ \mathbf{P}_\pi(X_0 = a, X_1 = b) = \mathbf{P}_\pi(X_0 = b, X_1 = a) \, , \quad a, b \in S \, . $$

Die Kette befindet sich nicht nur global, sondern auch lokal im Gleichgewicht. Die folgende Aufgabe macht klar, warum man von Reversibilität spricht.

Beispiel (Irrfahrt auf einem Graphen)
Sei S die Menge aller Knoten eines endlichen (ungerichteten) Graphen. Man spricht von einer *Irrfahrt* auf S, falls man von jedem Knoten zu einem rein zufällig ausgewählten Nachbarknoten überwechselt (zwei Knoten heißen benachbart, falls sie durch eine Kante verbunden sind). Bezeichnet also $n(a)$ die Anzahl der Nachbarknoten von $a \in S$, so sind die Übergangswahrscheinlichkeiten durch

$$ P_{ab} = \begin{cases} \frac{1}{n(a)} \, , & \text{falls } a \text{ und } b \text{ benachbart sind,} \\ 0 & \text{sonst} \end{cases} $$

gegeben. Man überzeugt sich unmittelbar, dass die Irrfahrt zusammen mit der Startverteilung

$$ \pi_a = c\,n(a) \, , \quad a \in S \, , $$

reversibel ist. Die Normierungskonstante ist durch $c^{-1} = \sum_{a \in S} n(a) = 2k$ gegeben, wobei k die Anzahl der Kanten im Graphen ist.

Beispiel (Ehrenfestsches Urnenmodell)

Auf einem Tisch liegen r Münzen, jede zeigt unabhängig von den anderen mit Wahrscheinlichkeit $\frac{1}{2}$ entweder Kopf oder Zahl. Die Anzahl X_0 der Köpfe ist also Bin$(r, \frac{1}{2})$-verteilt. Wir verändern die Konstellation schrittweise, indem wir immer wieder rein zufällig eine Münze auswählen und umdrehen. Sei X_n die Anzahl der Köpfe nach n-maligem Drehen einer Münze. Es leuchtet ein, dass auch X_n Bin$(r, \frac{1}{2})$-verteilt ist. Wir wollen dies präzisieren.

Es ist (X_n) eine Markovkette mit Zustandsraum $S = \{0, 1, \ldots, r\}$ und Übergangswahrscheinlichkeiten

$$
P_{a,b} = \begin{cases} \frac{a}{r}, & \text{falls } b = a - 1, \\ 1 - \frac{a}{r}, & \text{falls } b = a + 1, \\ 0 & \text{sonst}. \end{cases}
$$

Für die Binomialgewichte

$$
\pi_a := \binom{r}{a} 2^{-r}, \quad 0 \le a \le r,
$$

gilt

$$
\pi_a P_{a,a+1} = \binom{r}{r-a} 2^{-r} \frac{r-a}{r} = \binom{r}{a+1} 2^{-r} \frac{a+1}{r} = \pi_{a+1} P_{a+1,a},
$$

daher ist die Markovkette zusammen mit der Verteilung $\pi =$Bin$(r, \frac{1}{2})$ reversibel.

Dieses Modell wurde 1909 von Paul und Tatjana Ehrenfest[2] eingeführt, um Paradoxa der statistischen Mechanik aufzulösen. Es ist ein Spielzeugmodell für ein Gas aus r Teilchen, das in einem Behälter eingeschlossen ist. Der Behälter sei in zwei gleichgroße Teilbereiche Z und K aufgeteilt. Zwischen diesen Bereichen wechseln die Gasteilchen in zufälliger Weise hin und her. Wir stellen uns vereinfachend vor, dass pro Zeiteinheit ein rein zufälliges Teilchen von seinem Teilbereich in den anderen Bereich gelangt, das unabhängig von den vorangegangenen Fluktuationen ausgewählt ist. Nach n Zeitschritten befindet sich dann eine zufällige Anzahl X_n der Teilchen im Bereich K. Man erkennt, dass (X_n) eine Markovkette mit Zustandsraum $\{0, 1, \ldots, r\}$ und den angegebenen Übergangswahrscheinlichkeiten ist.

Da in diesem Modell mit endlichem Zustandsraum alle Zustände miteinander kommunizieren, sind alle Zustände rekurrent. Nach Lemma 2.4 wird jeder Zustand mit Wahrscheinlichkeit 1 erreicht, insbesondere auch der Zustand 0, bei dem der Teilbereich K vollkommen leer ist. Dieser Befund, den das ehrenfestsche Modell mit verwandten Modellen der statistischen Physik teilt, widerspricht jeglicher Erfahrung, in der statistischen Physik spricht man vom *Wiederkehr-Einwand*. Das ehrenfestsche Modell diente auch dazu, ihn zu entkräften.

Dazu betrachten wir die Rückkehrzeit τ_a in den Zustand a. Nach Satz 2.6 gilt

$$
\mathbb{E}_a[\tau_a] = 2^r \Big/ \binom{r}{a}.
$$

---

[2] PAUL EHRENFEST, *1880 Wien, †1933 Amsterdam, Physiker; TATJANA EHRENFEST-AFANASSJEVA, *1876 Kiew, †1964 Leiden, Physikerin und Mathematikerin. Auf Einladung von Felix Klein verfassten beide einen vielbeachteten Artikel *Begriffliche Grundlagen der statistischen Auffassung in der Mechanik*, erschienen in der Enzyklopädie der mathematischen Wissenschaften, 1911.

Wählen wir $r = 10^{23}$, physikalisch gesehen eine realistische Größe, so hat die erwartete Rückkehrzeit in den Zustand 0 den jenseits jeglicher Vorstellung liegenden Wert

$$2^{10^{23}} \, .$$

Praktisch gesehen ist der Befund der Wiederkehr also völlig bedeutungslos. Zum Vergleich: Nach der Stirling-Approximation gilt für geradzahliges r

$$\mathbf{E}_{r/2}[\tau_{r/2}] \approx \sqrt{\frac{\pi r}{2}} \, .$$

In den Zustand, dass sich die Teilchen gleichmäßig auf Z und K verteilen, kehrt das Gas also vergleichsweise ganz schnell zurück.

2.5 Erneuerungsketten*

Die Thematik der Erneuerungtheorie kann man sich wie folgt vergegenständlichen: Ein Wartungsmonteur muss ein Maschinenteil, „eine Glühlampe", von Zeit zu Zeit erneuern. Dies geschieht zu den zufälligen Zeitpunkten

$$S_0 \leq 0 < S_1 < S_2 < \dots$$

Dabei sei S_0 der letzte Erneuerungszeitpunkt, bevor der Monteur seine Inspektionen aufgenommen hat. Bis zum Zeitpunkt n hat er dann

$$N_n := \max\{k \geq 0 : S_k \leq n\} \, , \quad n \geq 0 \, ,$$

Erneuerungen vorgenommen. Die Glühlampe, die zur Zeit n brennt, hat das *Lebensalter*, die *Restlebenszeit* und die *Gesamtlebensdauer*

$$L_n := n - S_{N_n} \, , \quad R_n := S_{N_n+1} - n \quad \text{und} \quad G_n := L_n + R_n = S_{N_n+1} - S_{N_n} \, .$$

Insbesondere gilt $N_0 = 0$, $L_0 = -S_0$ und $R_0 = S_1$. Der Einfachheit halber seien $S_0, S_1, \dots$ Zufallsvariable mit Werten in den ganzen Zahlen. Dann gelten die Beziehungen $0 \leq L_n \leq G_n - 1$ und $1 \leq R_n \leq G_n$.

Wir nehmen an, dass die Brenndauern

$$Z_i = S_{i+1} - S_i \, , \quad i \geq 1 \, ,$$

der neu installierten Glühlampen unabhängige Kopien einer Zufallsvariablen Z sind, mit Werten in $\mathbb{N}$. Auch seien diese Zufallsvariablen von (S_0, S_1) unabhängig.

Die Zufallsvariablen S_0 und S_1 ergeben die Anfangskonstellation. Im Fall $S_0 = 0$ (einer zur Zeit 0 frisch eingesetzten Birne) wird man annehmen, dass S_1 wie Z verteilt ist. Sonst braucht dies aber nicht mehr richtig zu sein. Dies gilt insbesondere, wenn sich das System im statistischen Gleichgewicht befindet, d. h. im Fall, dass die Verteilungen von L_n, R_n und G_n nicht von n abhängen. Man denke an die Situation, dass die Maschine schon seit langer Zeit gewartet wird, lange bevor unser Monteur seine Arbeit aufnahm. Dann ist damit zu rechnen, dass er es anfangs, zur Zeit $n = 0$, mit einer eher langlebigen Glühlampe zu tun hat. Diesen Fall des statistischen Gleichgewichts wollen wir in den Blick nehmen.

Dazu betrachten wir die Zufallsgrößen

$$X_n := (L_n, R_n), \quad n \geq 0,$$

mit Werten in

$$S := \mathbb{N}_0 \times \mathbb{N}.$$

Wir stellen fest, dass $X = (X_0, X_1, \ldots)$ eine Markovkette ist. Hat nämlich X_n den Wert $a = (l, r)$ angenommen, so ist es für die weitere Entwicklung nicht mehr von Belang, was die Vorgeschichte war, welches also die Werte von $X_0, \ldots, X_{n-1}$ waren. Im Zustand $a = (l, r)$ wird im Fall $r = 1$ bei der nächsten Inspektion eine neue Glühlampe eingesetzt, mit einer Brenndauer, die unabhängig vom bisherigen Geschehen ist, und im Fall $r \geq 2$ vergrößert sich das Lebensalter und verringert sich die Restlebenszeit jeweils um 1.

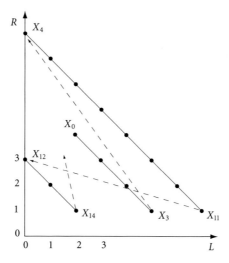

Die Übergangswahrscheinlichkeiten sind

$$P_{ab} = \begin{cases} 1, & \text{falls } a = (l, r), b = (l+1, r-1), r \geq 2, \\ \mathbf{P}(Z = g), & \text{falls } a = (l, 1), b = (0, g), l \geq 0, g \geq 1, \\ 0, & \text{sonst}. \end{cases}$$

Die Zustände $(0, g)$ mit $\mathbf{P}(Z = g) > 0$ werden mit Wahrscheinlichkeit 1 alle unendlich oft besucht. Infolgedessen ist $C = \{(l, r) \in S : \mathbf{P}(Z = r + l) > 0\}$ eine rekurrente Klasse kommunizierender Zustände. Sie wird von allen anderen Zuständen f.s. in endlich vielen Schritten erreicht.

Die Gleichungen

$$\mu_b = \sum_{a \in S} \mu_a P_{ab} , \quad b \in S ,$$

für ein invariantes Maß μ lassen sich direkt auflösen:

$$\mu_{(l,r)} = \mu_{(l-1,r+1)} = \cdots = \mu_{(0,l+r)} = \sum_{m=0}^{\infty} \mu_{(m,1)} \mathbf{P}(Z = l + r) ,$$

also

$$\mu_{(l,r)} = c \mathbf{P}(Z = l + r)$$

mit $c > 0$. Wegen

$$\sum_{l=0}^{\infty} \sum_{r=1}^{\infty} \mathbf{P}(Z = l + r) = \sum_{g=1}^{\infty} g \mathbf{P}(Z = g) = \mathbf{E}[Z]$$

ist die Klasse genau dann positiv rekurrent, wenn Z einen endlichen Erwartungswert hat. Dann erhalten wir bei Start in der invarianten Verteilung π für alle $n \geq 0$ die Gleichung

$$\mathbf{P}_\pi(L_n = l, R_n = r) = \frac{1}{\mathbf{E}[Z]} \mathbf{P}(Z = l + r) .$$

Es ergeben sich plausible Folgerungen. Die Wahrscheinlichkeit, zur Zeit n eine Glühlampe der Gesamtlebensdauer g vorzufinden, ist gegeben durch

$$\mathbf{P}_\pi(G_n = g) = \sum_{l=0}^{g-1} \mathbf{P}_\pi(L_n = l, R_n = g - l) = \frac{g \mathbf{P}(Z = g)}{\mathbf{E}[Z]} .$$

Die Wahrscheinlichkeitsgewichte von Z sind hier mit dem Faktor g umgewichtet, durch $\mathbf{E}[Z]$ werden die neuen Gewichte wieder zu einer Wahrscheinlichkeitsverteilung normiert. Man spricht von der *größenverzerrten Verteilung* von Z, bei ihr verschiebt sich die Verteilung von Z zu größeren Werten hin. Dies leuchtet ein: Glühlampen von längerer Brenndauer decken einen größeren Zeitraum ab als die von kürzerer Brenndauer. Zu einem bestimmten Zeitpunkt trifft man deshalb mit erhöhter Wahrscheinlichkeit auf eine langlebige Glühlampe. – Übersichtlich ist auch die Formel

$$\mathbf{P}_\pi(L_n = l \mid G_n = g) = \frac{\mathbf{P}_\pi(L_n = l, R_n = g - l)}{\mathbf{P}_\pi(G_n = g)} = \frac{1}{g} , \quad 0 \leq l \leq g - 1 .$$

Sie besagt, dass bei gegebener Gesamtlebensdauer G_n das Lebensalter L_n auf $\{0, \ldots, G_n-1\}$ uniform verteilt ist. Schließlich erhalten wir

$$\mathbf{P}_\pi(L_n = l) = \sum_{g \geq 1} \mathbf{P}_\pi(L_n = l \mid G_n = g) \mathbf{P}_\pi(G_n = g) = \sum_{g > l} \frac{1}{\mathbf{E}[Z]} \mathbf{P}(Z = g)$$

und damit

$$\mathbf{P}_\pi(L_n = l) = \frac{1}{\mathbf{E}[Z]} \mathbf{P}(Z \geq l + 1) , \quad l \geq 0 .$$

Insbesondere folgt für die Wahrscheinlichkeit, dass zur Zeit n eine Erneuerung stattfindet,

$$\mathbf{P}_\pi(L_n = 0) = \frac{1}{\mathbf{E}[Z]} .$$

Die Formel ist anschaulich klar, da im Mittel alle $\mathbf{E}[Z]$ Schritte eine Glühlampe ausgetauscht wird. Völlig analog ergibt sich

$$\mathbf{P}_\pi(R_n = r) = \frac{1}{\mathbf{E}[Z]} \mathbf{P}(Z \geq r) , \quad r \geq 1 ,$$

und gegeben G_n ist R_n auf $\{1, \ldots, G_n\}$ uniform verteilt.

Befindet sich das System (wie im Fall $S_0 = 0$) nicht im Gleichgewichtszustand, so wird man vermuten, dass es für $n \to \infty$ ins Gleichgewicht strebt. Wir werden diesen Sachverhalt im nächsten Kapitel unter geeigneten Annahmen beweisen.

2.6   Konvergenz ins Gleichgewicht

Wir wollen zeigen, dass eine Markovkette mit einer eindeutigen invarianten Verteilung auch bei Start in einer anderen Verteilung in den Gleichgewichtszustand strebt. Wir beschränken uns auf den einfachsten Fall. Situationen wie beim ehrenfestschen Urnenmodell oder bei der einfachen symmetrischen Irrfahrt, wo man von geradzahligen Zuständen nur in ungerade Zustände und von ungeraden nur in gerade Zustände wechseln kann, bedürfen zusätzlicher Überlegungen. Solche Periodizitäten wollen wir hier ausschließen.

Definition

Eine Markovkette (X_n) heißt *irreduzibel*, falls für alle $a, b \in S$ ein $m \geq 1$ existiert mit

$$\mathbf{P}_a(X_m = b) > 0 ,$$

und sie heißt *aperiodisch irreduzibel*, falls für alle $a_1, a_2, b \in S$ ein $m \geq 1$ existiert mit

$$\mathbf{P}_{a_1}(X_m = b) > 0 , \quad \mathbf{P}_{a_2}(X_m = b) > 0 .$$

Satz 2.8 *Sei $X_0, X_1, \ldots$ eine aperiodisch irreduzible Markovkette, die eine Gleichgewichts-verteilung π besitzt. Dann gilt bei beliebiger Startverteilung für $n \to \infty$*

$$\mathbf{P}(X_n \in A) \to \pi(A)$$

für alle $A \subset S$, mit $\pi(A) = \sum_{a \in A} \pi_a$.

Beweis Wir führen den Beweis durch ein *Kopplungsargument*, nach einer Idee von Wolf-gang Doeblin[3]. Dazu betrachten wir noch eine weitere, von $(X_0, X_1, \ldots)$ unabhängige Mar-kovkette $(X_0', X_1', \ldots)$ mit derselben Übergangsmatrix P, aber mit der Startverteilung π. Setze

$$T := \min\left\{ n \geq 0 : X_n = X_n' \right\}$$

und

$$Y_n := \begin{cases} X_n', & \text{falls } n \leq T, \\ X_n, & \text{falls } n > T. \end{cases}$$

Dann ist auch der aus der Kopplung von X und X' entstandene Prozess $Y = (Y_0, Y_1, \ldots)$ eine Markovkette mit Übergangsmatrix P, die wegen $Y_0 = X_0'$ die Startverteilung π hat. Nach (2.8) gilt $\mathbf{P}(Y_n \in A) = \pi(A)$, und es folgt

$$\left| \mathbf{P}(X_n \in A) - \pi(A) \right| = \left| \mathbf{P}(X_n \in A) - \mathbf{P}(Y_n \in A) \right| \leq \mathbf{P}(X_n \neq Y_n) = \mathbf{P}(T > n).$$

Daher bleibt zu zeigen, dass $\lim_n \mathbf{P}(T > n) = \mathbf{P}(T = \infty)$ gleich 0 ist.

Dazu betrachten wir die Zufallsvariablen $Z_n := (X_n, X_n')$ mit Werten in $S \times S$. Es reicht aus zu zeigen, dass es mit Wahrscheinlichkeit 1 ein $n \geq 1$ gibt, sodass $Z_n = (b, b)$ gilt (mit irgendeinem $b \in S$). Zum Beweis bemerken wir, dass auch (Z_n) eine Markovkette ist, mit den Übergangswahrscheinlichkeiten

$$Q_{(a_1, a_2)(b_1, b_2)} = P_{a_1 b_1} P_{a_2 b_2}.$$

Die Übergangsmatrix Q besitzt die invariante Verteilung ρ mit den Gewichten $\rho_{(a_1, a_2)} := \pi_{a_1} \pi_{a_2}$. Nach Satz 2.5 sind die Gewichte von π und damit die von ρ alle strikt positiv. Nach

---

[3] WOLFGANG DOEBLIN, *1915 Berlin, †1940 Housseras, Vogesen. Mathematiker, ein Pionier der modernen Wahrscheinlichkeitstheorie. Er entdeckte wesentliche Sachverhalte der Stochastischen Analysis, niedergelegt 1940 in einer (nach seinem Willen von der Académie des Sciences bis 2000 unter Verschluss gehaltenen) Schrift. 1933 verließ er Deutschland und wurde 1936 französischer Staatsbürger.

Satz 2.7 sind alle Zustände $(a_1, a_2) \in S \times S$ bezüglich Q (positiv) rekurrent. Nun bringen wir die Annahme der aperiodischen Irreduzibilität ins Spiel. Danach ist

$$\mathbf{P}_{(a_1, a_2)}\big(Z_m = (b, b)\big) = \mathbf{P}_{a_1}(X_m = b)\mathbf{P}_{a_2}(X_m = b)$$

zu vorgegebenen a_1, a_2 für geeignetes $m \geq 1$ strikt positiv. Nach Lemma 2.4 erreicht also Z_n von (a_1, a_2) mit Wahrscheinlichkeit 1 den Zustand (b, b). Dies ergibt die Behauptung. $\quad\square$

Beispiel (Kartenmischen)
Kann man einen Mangel an Übung beim Mischen von Spielkarten dadurch ausgleichen, dass man ausreichend lange mischt? Um den Vorgang mathematisch zu beschreiben, identifizieren wir das Blatt mit der Menge $K := \{1, 2, \ldots, r\}$; die 1 steht für die Karte oben auf dem Stapel und r für die Karte ganz unten. Einmaliges Mischen entspricht dann einer zufälligen Permutation Π von K, einer Zufallsvariablen mit Werten in der Menge der Permutationen

$$S := \{i : K \to K \ : \ i \text{ ist eine Bijektion}\},$$

und mehrfaches Mischen einer Hintereinanderausführung

$$X_n := \Pi_n \circ \Pi_{n-1} \circ \cdots \circ \Pi_1 \circ X_0$$

von mehreren zufälligen Permutationen $\Pi_1, \Pi_2, \ldots$ Wir nehmen an, dass die $\Pi_1, \Pi_2, \ldots$ unabhängig von X_0 und allesamt unabhängige Kopien von Π sind, dann ist $X_0, X_1, \ldots$ eine Markovkette mit den Übergangswahrscheinlichkeiten

$$P_{ab} = \mathbf{P}(\Pi \circ a = b), \quad a, b \in S.$$

Diese Übergangsmatrix hat die besondere Eigenschaft, dass neben $\sum_{b \in S} P_{ab} = 1$ auch

$$\sum_{a \in S} P_{ab} = \sum_{a \in S} \mathbf{P}(\Pi = b \circ a^{-1}) = \sum_{c \in S} \mathbf{P}(\Pi = c) = 1$$

gilt, man sagt, die Matrix ist *doppelt stochastisch*. Damit sind

$$\pi_a = \frac{1}{r!}$$

die Gewichte einer Gleichgewichtsverteilung auf S. Im aperiodisch irreduziblen Fall strebt daher $\mathbf{P}(X_n = a)$ gegen $\frac{1}{r!}$, d. h. X_n ist asymptotisch uniform verteilt auf der Menge aller möglichen Anordnungen des Kartenspiels. Der gewünschte Mischeffekt stellt sich also wirklich ein, vorausgesetzt, man mischt das Blatt hinreichend lange.

Beispiel (Metropolis[4]-Algorithmus)
Hier handelt es sich um eine besonders wichtige Anwendung des Konvergenzsatzes. Der Algorithmus wurde von Physikern ersonnen zum Zwecke der Simulation von Zufallsvariablen mit vorgegebener Verteilung π auf S, deren Gewichte von der Gestalt

$$\pi_a = c\mu_a, \quad a \in S,$$

---

[4] NICHOLAS C. METROPOLIS, *1915 Chicago, †1999 Los Alamos, New Mexico. Physiker; entwickelte gemeinsam mit John v. Neumann und Stanislaw Ulam um 1950 die Monte-Carlo-Methode.

sind. Dabei ist insbesondere an die Situation gedacht, dass nur die Zahlen μ_a bekannt sind. Natürlich ist dann auch die Normierungskonstante $c = \left(\sum_a \mu_a \right)^{-1}$ festgelegt, in vielen wichtigen Fällen lässt sie sich aber nicht einmal näherungsweise berechnen. Im nachfolgenden Beispiel wird dies plastisch werden.

Für den Algorithmus benötigt man eine (gut auf dem Computer zu simulierende) Markovkette mit Zustandsraum S (etwa eine Irrfahrt, wenn S die Struktur eines Graphen besitzt). Aus ihrer Übergangsmatrix $Q = (Q_{ab})$ bildet man eine neue Übergangsmatrix P nach der Vorschrift

$$P_{ab} := \pi_a^{-1} \min(\pi_a Q_{ab}, \pi_b Q_{ba}) = \min \left(Q_{ab}, \frac{\mu_b}{\mu_a} Q_{ba} \right), \quad \text{falls } a \neq b,$$

$$P_{aa} := 1 - \sum_{b \neq a} P_{ab}.$$

P ist ebenfalls eine stochastische Matrix, denn wegen $P_{ab} \leq Q_{ab}$ für $a \neq b$ gilt $P_{aa} \geq Q_{aa} \geq 0$. Man bemerke, dass man zur Berechnung von Q_{ab} nur die μ_a, nicht aber die Normierungskonstante c zu kennen braucht. Aus

$$\pi_a P_{ab} = \pi_b P_{ba} = \min(\pi_a Q_{ab}, \pi_b Q_{ba}), \quad a \neq b,$$

folgt, dass die Markovkette reversibel und π Gleichgewichtsverteilung bezüglich P ist. Für eine Markovkette $X_0, X_1, \ldots$ mit (aperiodisch irreduzibler) Übergangsmatrix P wird daher nach dem Konvergenzsatz X_n approximativ die Verteilung π besitzen, wenn n ausreichend groß ist. Die Idee des Metropolis-Algorithmus ist es daher, die durch P beschriebenen Übergänge aus denen von Q und einem zusätzlichen zufälligen Input zu generieren. Dabei kann man so vorgehen:

1. Befindet man sich im Zustand a, so wähle man zufällig einen neuen Zustand, und zwar b mit Wahrscheinlichkeit Q_{ab}.

2. Davon unabhängig wähle man rein zufällig eine Zahl U aus dem Intervall $[0,1]$.

3. Ist $b \neq a$ und $U \leq \frac{\mu_b Q_{ba}}{\mu_a Q_{ab}}$, so vollziehe man den Übergang nach b, andernfalls verharre man in a.

Ein Wechsel von a nach b findet nach diesem Rezept wie gewünscht mit der Wahrscheinlichkeit

$$Q_{ab} \cdot \min \left(1, \frac{\mu_b Q_{ba}}{\mu_a Q_{ab}} \right) = Q_{ab} \cdot \frac{P_{ab}}{Q_{ab}} = P_{ab}$$

statt.

Der Metropolis-Algorithmus wird mit Erfolg zum Simulieren komplizierter W-Verteilungen π benutzt. Das Hauptproblem bei seiner Anwendung besteht darin zu entscheiden, wie lange die Markovkette laufen muss, um eine ausreichende Genauigkeit zu erzielen (s. Levin, Peres, Wilmer [LePeWi]).

Wir illustrieren den Algorithmus anhand der Simulation einer rein zufälligen Wahl einer Partition einer natürlichen Zahl. Unter einer Partition der Zahl $r \in \mathbb{N}$ versteht man eine Zerlegung

$$r = r_1 + \cdots + r_k$$

in natürliche Zahlen $r_1 \geq \cdots \geq r_k \geq 1$. Wie kann man sich eine rein zufällige Partition von r verschaffen, etwa für $r = 100$? Wie könnte man also aus der Menge

$$S := \{(r_1, \ldots, r_k) : k, r_1, \ldots, r_k \in \mathbb{N}, r_1 \geq \cdots \geq r_k, r_1 + \cdots + r_k = 100\},$$

aller Partitionen von $r = 100$ ein Element gemäß der uniformen Verteilung π auf S ziehen? Dieser Raum ist kaum zu überblicken. Da hilft es erst einmal auch nicht weiter, dass die Mächtigkeit von S gleich 190.569.292 ist.

Der Strategie des Metropolis-Algorithmus folgend richtet man sich im Computer eine Markovkette auf S ein, deren Übergangswahrscheinlichkeiten Q_{ab} gut berechenbar sind und mit der man dann durch S wandern kann. Das lässt sich leicht realisieren: Wenn man sich im Zustand $a = (r_1, \ldots, r_k)$ befindet, wird man entweder einen der Summanden r_i zufällig in zwei neue Summanden $r_i = s' + s''$ aufspalten oder aber zwei Summanden r_i, r_j zu einem neuen Summanden $s = r_i + r_j$ zusammenfassen (oder auch zufällig in zwei neue Summanden $s' + s'' = r_i + r_j$ aufteilen). Der Rest der Partition bleibt, wie er ist. So erhält man (nach Sortieren) eine neue Partition $b = (s_1, \ldots, s_l)$ mit $k - 1 \leq l \leq k + 1$. Mit welcher Wahrscheinlichkeit Q_{ab} dies geschieht, ist nicht entscheidend. Zwar könnte diese Markovkette manche Partition a gegenüber anderen bevorzugt besuchen. Indem man aber nach obiger Strategie nicht jeden Schritt der Markovkette vollzieht, also zu den Übergangswahrscheinlichkeiten

$$P_{ab} = \min(Q_{ab}, Q_{ba})$$

übergeht, entsteht eine Markovkette $X_n = (R_{1n}, \ldots, R_{K_n n})$, $n \geq 0$, bei der die uniforme Verteilung π invariant ist. Wenn diese Markovkette ausreichend lange läuft, generiert sie (näherungsweise) ein rein zufälliges Element von S.

Die beiden folgenden Bilder in logarithmischer Skala resultieren aus zwei Simulationsläufen.

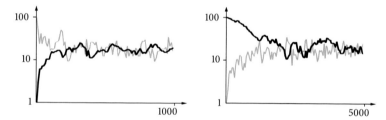

Dargestellt sind die zufällige Entwicklung des größten Summanden R_{1n} (grüne Kurve) sowie der Anzahl der Summanden K_n (schwarze Kurve) in der Partition X_n. Die Startwerte sind $a = (100)$ und $a = (1, \ldots, 1)$, die Laufzeiten 1000 und 5000. Es wurden 76, 2% bzw. 74, 8% der durch die Matrix Q vorgeschlagenen Übergänge vollzogen. Die Resultate sind

$$100 = 16 + 15 + 12 + 8 + 8 + 6 + 6 + 6 + 5 + 3 + 2 + 1 + 1 + 1 + 1 + 1 + 1 + 1,$$
$$100 = 27 + 19 + 9 + 8 + 7 + 4 + 3 + 3 + 3 + 3 + 3 + 3 + 3 + 3 + 2.$$

Offenbar braucht die Markovkette mehr Zeit, um sich vom zweiten Startwert zu entfernen.

Man erkennt deutlich die Konvergenz der Markovkette ins Gleichgewicht. Dazu merken wir an, dass mit π als Startverteilung die Zufallsvariablen R_{1n} und K_n identisch verteilt sind. Der Beweis ist nicht schwer zu führen (das Stichwort ist *Ferrer-Diagramm* und seine Spiegelung).

2.7 Harmonische Funktionen*

Wir stellen nun noch den Zusammenhang zum Kapitel über Martingale her.

Definition

Sei $P = (P_{ab})_{a,b \in S}$ eine stochastische Matrix und $A \subset S$. Dann heißt eine Funktion $h : S \to \mathbb{R}$ *superharmonisch auf* A, falls

$$\sum_{b \in S} P_{ab} h(b) \leq h(a), \quad a \in A,$$

gilt (wobei die Summe absolut konvergent sei). Im Fall, dass in diesen Ungleichungen immer Gleichheit besteht, heißt h *harmonisch* A. Ist A gleich S, so heißt h superharmonisch bzw. harmonisch.

Harmonische und superharmonische Funktionen stellen ein Bindeglied zwischen Markovketten und Martingalen dar. Ist nämlich (X_n) eine Markovkette zur Filtration $\mathbb{F} = (\mathcal{F}_n)$ und h eine harmonische Funktion zur Übergangsmatrix P, so gilt

$$\mathbf{E}[h(X_{n+1}) \mid \mathcal{F}_n] = \sum_{b \in S} h(b) \mathbf{P}(X_{n+1} = b \mid \mathcal{F}_n) = \sum_{b \in S} h(b) P_{X_n b} = h(X_n) \text{ f.s.}$$

Daher ist $(h(X_0), h(X_1), \ldots)$ ein $\mathbb{F}$-Martingal, und im Fall einer superharmonischen Funktion ein Supermartingal. Auf diesem Wege lassen sich die Resultate der Martingaltheorie für Markovketten benutzen. Das folgende Beispiel ist eine typische Anwendung.

Beispiel (Wright[5]-Fisher[6]-Modell)
Dieses grundlegende Modell für die Vererbung von Genen in einer Population lässt sich so veranschaulichen: In einer Urne U_0 liegen r Kugeln, weiße und blaue. Wir füllen nun eine Urne U_1 mit ebenfalls r Kugeln. Bei der Wahl ihrer Farben gehen wir so vor: Für jede Kugel aus U_1 ziehen wir aus U_0 eine Kugel (mit Zurücklegen) und übernehmen deren Farbe. Nun können wir die Prozedur wiederholen und eine Urne U_2 füllen, die ihre Farben von U_1 „erbt", und so weiter. Seien X_n die Anzahl der blauen Kugeln in Urne U_n, dann ist, gegeben $(X_0, \ldots, X_n)$, die Zufallsvariable X_{n+1} Bin$(r, X_n/r)$-verteilt, also ist (X_n) eine Markovkette mit Übergangswahrscheinlichkeiten

$$P_{ab} = \binom{r}{b}\left(\frac{a}{r}\right)^b \left(1 - \frac{a}{r}\right)^{r-b}.$$

Im Wright-Fisher-Modell stehen die Kugeln in der Urne U_n für die Individuen einer Population vom Umfang r in der n-ten Generation. Jedes Individuum hat an einem bestimmten Genort das Allel „Weiß" oder „Blau". Die Allelzusammensetzung der nächsten Generation kommt durch rein zufälliges Ziehen mit Zurücklegen aus dem Genpool der aktuellen Generation zustande.

---

[5] SEWALL WRIGHT, *1889 Melrose, Massachusetts, †1988 Madison, Wisconsin. Biologe und Genetiker. Wright, Fisher und Haldane waren die Begründer der Populationsgenetik.
[6] SIR RONALD FISHER, *1890 London, †1962 Adelaide. Führender Statistiker und Evolutionstheoretiker.

Der Zustandsraum von (X_n) ist $S = \{0, 1, \ldots, r\}$. Die Zustände 0 und r können nicht verlassen werden, man nennt sie deswegen *absorbierende Zustände*. Nach der Formel für den Erwartungswert einer binomialverteilten Zufallsvariablen gilt

$$\sum_{b \in B} P_{ab} b = r \frac{a}{r} = a \,,$$

deswegen definiert

$$h(a) := a$$

eine harmonische Funktion, und (X_n) ist ein Martingal. Dies hat unmittelbare Folgen. Da $X_n \geq 0$, ist X_n nach dem Martingalkonvergenzsatz f.s. konvergent. Dies bedeutet, dass (X_n) f.s. einen absorbierenden Zustand erreicht und damit die Stoppzeit

$$T := \min\{n \geq 0 : X_n = 0 \text{ oder } r\}$$

f.s. endlich ist. Nach dem Stoppsatz für Martingale folgt weiter

$$a = \mathbf{E}_a[X_0] = \mathbf{E}_a[X_{T \wedge n}]$$

und mit $n \to \infty$ mittels dominierter Konvergenz

$$a = \mathbf{E}_a[X_T] = r\mathbf{P}_a[X_T = r] \,.$$

Für die *Fixationswahrscheinlichkeiten* erhalten wir die Formeln

$$\mathbf{P}_a[X_T = r] = \frac{a}{r} \,, \quad \mathbf{P}_a[X_T = 0] = \frac{r - a}{r} \,.$$

(Super-)Harmonische Funktionen benutzt man auch, um Rekurrenz und Transienz von Zuständen festzustellen.

Beispiel (Geburts- und Todesprozesse)
Wir betrachten Markovketten X mit Zustandsraum $\mathbb{N}_0$, die pro Schritt von einer Zahl a zu einer benachbarten Zahl $a + 1$ oder $a - 1$ springen können. Wir schreiben

$$P_{ab} = \begin{cases} p_a \,, & \text{falls } b = a + 1 \,, \\ q_a \,, & \text{falls } b = a - 1 \,, \\ 0 & \text{sonst} \,. \end{cases} \tag{2.9}$$

Es gilt also $p_a + q_a = 1$ und $q_0 = 0$. Wir setzen voraus, dass alle $p_a > 0$ sind. Wann ist der Zustand 0 rekurrent?
    Eine harmonische Funktion h auf $A = \{1, 2, \ldots\}$ erfüllt die Gleichungen

$$p_a h(a + 1) + q_a h(a - 1) = h(a)$$

bzw. $p_a\big(h(a + 1) - h(a)\big) = q_a\big(h(a) - h(a - 1)\big)$. Es folgt

$$h(a + 1) - h(a) = \frac{q_a}{p_a}\big(h(a) - h(a - 1)\big) = \cdots = \frac{q_a \cdots q_1}{p_a \cdots p_1}\big(h(1) - h(0)\big) \,.$$

(Das Produkt ist 1 für $a = 0$.) Wählen wir nun $h(0) = 0$, $h(1) = 1$, so folgt unter Beachtung von $h(b) = \sum_{a=0}^{b-1} \left(h(a+1) - h(a) \right)$

$$h(b) = \sum_{a=0}^{b-1} \frac{q_a \cdots q_1}{p_a \cdots p_1} \, .$$

Sei nun X ein Geburts- und Todesprozess und

$$T := \min\{n \geq 0 : X_n = 0\}$$

die erste Treffzeit von 0. Dann ist

$$h(X_{T \wedge n}), \quad n \geq 0 \, ,$$

ein nichtnegatives Martingal. Es ist dann nach dem Martingalkonvergenzsatz f.s. konvergent. Wir unterscheiden zwei Fälle:

Entweder es gilt $h(\infty) = \infty$. Dann ist $h(X_{T \wedge n})$ genau dann konvergent, wenn $T < \infty$ gilt. In diesem Fall gilt also $T < \infty$ f.s., bei beliebigem Startwert der Markovkette. Insbesondere folgt für die erste Rückkehrzeit τ_0 nach 0

$$\mathbf{P}_0(\tau_0 < \infty) = \mathbf{P}_1(T < \infty) = 1 \, .$$

Dann ist 0 ein rekurrenter Zustand.

Oder aber es gilt $h(\infty) < \infty$. Dann ist $h(X_{T \wedge n})$ genau dann konvergent, wenn $T < \infty$ *oder* $X_n \to \infty$ gilt, und der Limes ist $h(\infty)I_{\{T=\infty\}}$ f.s. In diesem Fall ist das Martingal nach oben beschränkt. Nach dem Satz von der dominierten Konvergenz folgt

$$1 = \mathbf{E}_1\big[h(X_0)\big] = h(\infty)\mathbf{P}_1(T = \infty) \, .$$

Nun folgt

$$\mathbf{P}_0(\tau_0 < \infty) = \mathbf{P}_1(T < \infty) = 1 - \frac{1}{h(\infty)} < 1 \, ,$$

damit ist 0 transient, und alle anderen Zustände auch.

Zusammenfassend halten wir fest, dass die Kette genau dann rekurrent ist, wenn

$$\sum_{a=0}^{\infty} \frac{q_a \cdots q_1}{p_a \cdots p_1} = \infty \tag{2.10}$$

gilt.

Mit einer nichtnegativen harmonischen Funktion h auf $A \subset S$ lässt sich aus der Übergangsmatrix P einer Markovkette eine neue Übergangsmatrix $Q = (Q_{ab})_{a,b \in S'}$ mit eingeschränktem Zustandsraum $S' = \{a \in A : h(a) > 0\}$ bilden, gemäß

$$Q_{ab} = \frac{1}{h(a)} P_{ab} h(b) \, .$$

Die Harmonizität von h ergibt, dass die Zeilensummen von Q alle gleich 1 sind. Das folgende Beispiel beleuchtet die Bedeutung dieser Transformation.

Beispiel

Sei $A \subset S$ und

$$\sigma_A := \min\{n \geq 0 : X_n \notin A\}$$

der Zeitpunkt, zu dem die Markovkette X aus A austritt. Dann ist

$$h(a) := \mathbf{P}_a(\sigma_A = \infty)$$

auf A eine harmonische Funktion. Insbesondere gilt $h(a) = 0$ für $a \notin A$. Wir nehmen an, dass $h(a) > 0$ für alle $a \in A$ gilt, dass also A von einem Zustand $a \in A$ mit positiver Wahrscheinlichkeit nicht verlassen wird. (Man denke etwa an die symmetrische Irrfahrt auf $\mathbb{Z}^3$ mit $A = \mathbb{Z}^3 \setminus \{0\}$.) Dann folgt für $a_0, a_1, \ldots, a_k \in A$

$$\mathbf{P}_{a_0}(X_1 = a_1, \ldots, X_k = a_k \mid \sigma_A = \infty) = \frac{P_{a_0 a_1} \cdots P_{a_{k-1} a_k} \mathbf{P}_{a_k}(\sigma_A = \infty)}{\mathbf{P}_{a_0}(\sigma_A = \infty)}$$

$$= Q_{a_0 a_1} \cdots Q_{a_{k-1} a_k} Q_{a_k}.$$

Dies zeigt, dass die Markovkette nach dem Bedingen markovsch bleibt, wobei sich die Übergangswahrscheinlichkeiten verwandeln.

2.8 Aufgaben

1. Seien $Y_1, Y_2, \ldots$ unabhängige Kopien einer Zufallsvariablen Y mit Werten in $\mathbb{N}$ und Y_0 eine davon unabhängige Zufallsvariable. Zeigen Sie, dass dann die Zufallsvariablen

$$X_n := \max_{i \leq n} Y_i, \quad n \geq 0,$$

eine Markovkette bilden. Was sind die Übergangswahrscheinlichkeiten?

2. Sei (X_n) eine Markovkette. Bilden dann im Allgemeinen auch die Zufallsvariablen (i) $Y_n := X_{2n}$, (ii) $Z_n := \varphi(X_n)$ (mit einer auf dem Zustandsraum definierten Abbildung φ) Markovketten?

3. Seien $U_1, U_2, \ldots$ unabhängige, uniform auf dem Intervall $[0, 1]$ verteilte Zufallsvariable. Die Zeitpunkte eines neuen Rekordwertes unter den U_i nennen wir $X_0, X_1, \ldots$ Also: $X_0 = 1$ und induktiv $X_{n+1} = \min\{i > X_n : U_i > U_1, \ldots, U_{i-1}\}$.

(i) Zeigen Sie, dass $(X_0, X_1, \ldots)$ bezüglich ihrer natürlichen Filtration $\sigma(X_0, \ldots, X_n)$, $n \geq 0$, eine Markovkette auf $\mathbb{N}$ ist, mit den Übergangswahrscheinlichkeiten $P_{ab} = \frac{a}{b(b-1)}$ für $b > a$.

(ii) Warum ist das nicht mehr richtig, wenn man zu der Filtration $\mathcal{F}_n := \sigma(U_1, \ldots, U_n)$ übergeht?

4. Auf einem Bücherbrett stehen r Bücher. Unter den Büchern gibt es ein rotes, es kann auf dem Brett von links nach rechts die Positionen 1 bis r annehmen. Ein Leser zieht sich immer wieder rein zufällig ein Buch heraus und stellt es (nach der Lektüre) dann ganz links auf das Brett. Sei X_n die Position des roten Buches nach n Zügen. Bestimmen Sie für die Markovkette $X_0, X_1, \ldots$ die Übergangswahrscheinlichkeiten und zeigen Sie, dass die stationäre Verteilung hier die uniforme auf $\{1, \ldots, r\}$ ist.

5. Eine Startverteilung π einer Markovkette (X_n) ist genau dann stationär, wenn für alle $A \subset S$ gilt

$$\mathbf{P}_\pi(X_0 \in A, X_1 \notin A) = \mathbf{P}_\pi(X_0 \notin A, X_1 \in A).$$

„Im Gleichgewicht erwartet man genauso viel Immigration wie Emigration."

6. Wir betrachten die einfache symmetrische Irrfahrt (X_n) auf $\mathbb{Z}^2$.

(i) Bestimmen Sie die invarianten Maße?

(ii) Wie groß ist die erwartete Anzahl von Besuchen im Punkt (1950,1955) während einer Exkursion vom Startpunkt?

(iii) Bestimmen Sie für eine nichtnegative Funktion f auf $\mathbb{Z}^2$ den Erwartungswert $\mathbf{E}[\sum_{n=0}^{\tau-1} f(X_n)]$, wobei τ die erste Rückkehrzeit zum Startpunkt ist.

7. Sei π reversible Verteilung der Markovkette (X_n). Zeigen Sie, dass für alle $n \geq 0$

$$\mathbf{P}_\pi(X_0 = a_0, X_1 = a_1, \ldots, X_n = a_n) = \mathbf{P}_\pi(X_n = a_0, X_{n-1} = a_1, \ldots, X_0 = a_n)$$

gilt.

8. Ein Springer bewegt sich auf dem „Schachbrett" $S = \{1, \ldots, 8\}^2$ zufällig vorwärts, indem er pro Zug rein zufällig einen seiner möglichen Sprünge auswählt. Dies induziert eine Markovkette auf S. Berechnen Sie für alle $a \in S$ die erwarteten Rückkehrzeiten.

9. Wie muss man die Übergangswahrscheinlichkeiten bei einer Irrfahrt auf einem Graphen (s. Beispiel (Irrfahrt auf einem Graphen) in Abschn. 2.4) im Sinne des Metropolis-Algorithmus verändern, sodass sich als Gleichgewichtsverteilung die uniforme ergibt?

10 Ein Modell aus der Biologie. Jede Zelle eines Organismus enthalte r Partikel, einige vom Typ A, die anderen vom Typ B. Bei Zellteilung verdoppelt sich zunächst die Anzahl der Typ A- und Typ B-Partikel, die Tochterzelle entsteht dann durch rein zufällige Auswahl von r dieser $2r$ Partikel. Zeigen Sie: Sind anfangs a Partikel vom Typ A, so ist die Wahrscheinlichkeit, dass nach wiederholter Zellteilung schließlich alle Partikel vom Typ A sind, gleich a/r.

11. Seien $p_a = P_{a,a+1}$ und $q_a = P_{a,a-1}$ die Übergangswahrscheinlichkeiten eines Geburts- und Todesprozesses auf $\mathbb{N}_0$. Bestimmen Sie ein invariantes Maß. Wann existiert eine invariante Verteilung?
Hinweis: Reversibilität.

12 Der Skilift. Sei Y eine Zufallsvariable mit Werten in $\mathbb{N}_0$ und $Y_1, Y_2, \ldots$ unabhängige Kopien von Y. Wir betrachten die Markovkette $X = (X_0, X_1, \ldots)$ mit X_0 unabhängig von den Y_i und rekursiv gegeben durch

$$X_{n+1} = \max(X_n - 1, 0) + Y_{n+1}.$$

Interpretation: An einen Skilift gelangen zwischen den Zeitpunkten, zu denen die n-te und $(n+1)$-te Person abtransportiert werden, Y_{n+1} neue Skifahrer. Dann ist X_n die Länge der Warteschlange, nachdem n Personen befördert sind.

(i) Geben Sie die Übergangsmatrix P mithilfe der Gewichte $p_a = \mathbf{P}(Y = a)$, $a \in \mathbb{N}_0$, an.

(ii) Zeigen Sie: 0 ist rekurrent, falls $\mathbf{E}[Y] \leq 1$.
Hinweis: Benutzen Sie ein geeignetes Supermartingal.

(iii) Zeigen Sie: 0 ist transient, falls $\mathbf{E}[Y] > 1$. Hinweis: Es gilt $X_n \geq Y_1 + \cdots + Y_n - n$.

13. Zeigen Sie:

(i) Eine nichtnegative superharmonische Funktion h nimmt auf einer rekurrenten Klasse C einen konstanten Wert an.

(ii) Für einen transienten Zustand b ist

$$h(a) = \mathbf{P}_a(X_n = b \text{ für ein } n \geq 0)$$

eine nichtnegative superharmonische Funktion, die nicht konstant ist.

14. Sei P eine aperiodisch irreduzible Übergangsmatrix mit Gleichgewichtsverteilung π. Sei $k : [0,\infty) \to \mathbb{R}$ eine strikt konvexe Funktion mit $k(1) = 0$. Für eine W-Verteilung $\rho = (\rho_a)_{a \in S}$ setzen wir

$$D(\rho \parallel \pi) := \sum_{a \in S} \pi_a k\left(\frac{\rho_a}{\pi_a}\right).$$

Zeigen Sie:

(i) $D(\rho \parallel \pi) \geq 0$ und $D(\rho \parallel \pi) = 0 \Leftrightarrow \rho = \pi$.

(ii) $D(\rho P \parallel \pi) \leq D(\rho \parallel \pi)$.
   Hinweis: Benutzen Sie die durch $\pi_a P_{ab} = \pi_b Q_{ba}$ gegebene Übergangsmatrix Q.

(iii) Für jedes $\rho \neq \pi$ mit $D(\rho \parallel \pi) < \infty$ existiert eine natürliche Zahl m, so dass $D(\rho P^m \parallel \pi) < D(\rho \parallel \pi)$.
   Hinweis: Betrachten Sie Zustände a_i mit $\rho_{a_i} \neq \pi_{a_i}$, $i = 1, 2$ und ein zugehöriges m gemäß der Aperiodizitätsbedingung.

(iv) Für jedes ρ mit $D(\rho \parallel \pi) < \infty$ gilt $D(\rho P^n \parallel \pi) \to 0$ für $n \to \infty$.

Diskutieren Sie den Zusammenhang mit dem Konvergenzsatz für Markovketten. Betrachten Sie insbesondere den Fall $k(x) = |x - 1|/2$, dann ist $D(\rho \parallel \pi)$ der *Totalvariationsabstand* von ρ und π. Ein interessanter Fall ist auch $k(x) = x \log x$; dann ist $D(\rho \parallel \pi)$ die *relative Entropie* von ρ zu π.

15 Coupling from the past. Sei S endlich und seien F_k, $k \in \mathbb{Z}$, unabhängige Kopien einer zufälligen Abbildung $F : S \to S$. Wir setzen $G_{j,k} := F_{k-1} \circ \cdots \circ F_j$ für $-\infty < j < k < \infty$ und nehmen an, dass $V := \min\{k > 0 : \#G_{0,k} = 1\}$ f.s. endlich ist. Weiter sei $T_k := \max\{j < k : \#G_{j,k}(S) = 1\}$, $k \in \mathbb{Z}$. Zeigen Sie:

(i) $T_k < \infty$ f.s. für alle $k \in \mathbb{Z}$.

(ii) Es gilt eine f.s. eindeutig bestimmte Familie $(X_k)_{k \in \mathbb{Z}}$ von S-wertigen Zufallsvariablen mit $F_k(X_k) = X_{k+1}$ für alle $k \in \mathbb{Z}$.
   Hinweis: Betrachten Sie die Gleichung $\{X_k\} = G_{T_k,k}(S)$.

(iii) $(X_k)_{k \in \mathbb{Z}}$ ist eine stationäre Markovkette. Was ist die Übergangsmatrix P, ausgedrückt in F?

(iv) Die Endlichkeitsbedingung an V ist erfüllt, falls die S-wertigen Zufallsvariablen $F(a)$, $a \in S$, unabhängig sind und P aperiodisch irreduzibel ist.
   Hinweis: Konvergenzsatz für Markovketten.

Die Brownsche Bewegung

3

Der als Brownsche Bewegung bezeichnete stochastische Prozess ist ein Kristallisations-punkt der Stochastik. Er ist ein aus der Normalverteilung entwickelter Prozess in kontinu-ierlicher Zeit, der gründlichst untersucht ist und besonders häufig angewendet wird. Viele der Methoden der Wahrscheinlichkeitstheorie wurden speziell zu dem Zweck entwickelt, ihn besser zu verstehen. Wir machen hier erste Schritte.

Die Brownsche Bewegung ist durch einfache und einleuchtende Eigenschaften gegeben. Diese haben Konsequenzen („nirgends differenzierbare Pfade"), die früher einmal in der Mathematik als eher exotisch betrachtet wurden, heute aber als natürlich und für Zufalls-bewegungen charakteristisch erkannt sind.

3.1 Das Phänomen der Brownschen Bewegung

Ein in einer Flüssigkeit oder in der Luft schwebendes Teilchen (Pollen- oder Staubkörn-chen) ändert fortwährend zufällig seinen Ort. Das Phänomen ist lange bekannt, eine aus-führliche Beschreibung gab im Jahre 1828 der Biologe Robert Brown.[1] Eine Erklärung dieser „Brownschen Bewegung" gelang (unabhängig voneinander) Albert Einstein[2] 1905

---

[1] ROBERT BROWN, *1773 Montrose, Schottland, †1858 London. Botaniker.

[2] Siehe seine Publikation *Über die von der molekularkinetischen Theorie der Wärme geforderte Bewegung von in ruhenden Flüssigkeiten suspendierten Teilchen*, Annalen der Physik, 1905. Einstein entdeckte die Brownsche Bewegung auf theoretischem Wege, in der Absicht, die molekularkinetische Theorie der Wärme einer Überprüfung zugänglich zu machen. Er schreibt: „Es ist möglich, dass die hier zu behandelnden Bewegungen mit der sogenannte ,Brownschen Molekularbewegung' identisch sind; die mir erreichbaren Angaben über letztere sind jedoch so ungenau, dass ich mir hierüber kein Urteil bilden konnte." Erwiese sich seine Voraussage „als unzutreffend, so wäre damit ein schwer-wiegendes Argument gegen die molekularkinetische Auffassung der Wärme gegeben." Tatsächlich stellten sich seine Überlegungen als völlig stichhaltig heraus.

G. Kersting, A. Wakolbinger, *Stochastische Prozesse*, Mathematik Kompakt, DOI 10.1007/978-3-7643-8433-3_3, © Springer Basel 2014

und Marian Smoluchowski[3] 1906: Die Bewegung resultiert aus der thermischen Molekularbewegung, das Teilchen wird durch zufällige Stöße von Flüssigkeits- resp. Luftmolekülen
angetrieben[4]. Schon zuvor suchte Louis Bachelier[5] 1901 in einem verwandten Modell das
Auf und Ab von Aktienkursen zu erfassen. Die mathematische Durchdringung der Brownschen Bewegung beginnt mit einer Arbeit von Wiener[6] aus dem Jahre 1915. Man spricht
deswegen auch vom *Wienerprozess*.

Wie kann man die Brownsche Bewegung mathematisch in den Griff bekommen? Ein erster Ansatz ist, ihn als Familie $(W_t)_{t\geq 0}$ von Zufallsvariablen zu beschreiben. W_t ist dann
die Position des Staubkörnchens zur Zeit $t \geq 0$. Im Unterschied zu den bisherigen stochastischen Prozessen ist hier jede nichtnegative reelle Zahl t vorgesehen, man spricht
von einem *stochastischen Prozess in kontinuierlicher Zeit*. Einstein hat bereits die wesentlichen Eigenschaften von $(W_t)_{t\geq 0}$ angegeben: Der Zuwachs $W_t - W_s$ im Zeitintervall $[s, t]$
ist normalverteilt und die Zuwächse innerhalb disjunkter Zeitintervalle $[s_1, t_1], [s_2, t_2], \dots$
sind unabhängige Zufallsvariable. Dies reflektiert den Sachverhalt, dass die Zuwächse aus
winzigen unabhängigen Impulsen resultieren, die sich in Anbetracht des zentralen Grenz-
wertsatzes zu einer normalverteilten Zufallsgröße summieren. Wir schauen hier auf den
Fall, dass die Zufallsvariablen W_t ihre Werte in $\mathbb{R}$ haben.

---

[3] MARIAN V. SMOLUCHOWSKI, *1872 bei Wien, †1917 Krakau. Physiker mit grundlegenden Beiträgen
zur statistischen Physik.

[4] Aber schon Lukrez hat im 1. Jahrhundert v. Chr. das Phänomen in Augenschein genommen. Er
schreibt: „…die Körper, die in der Sonne Strahl in solcher Verwirrung sich treiben, weil ihr trei-
bendes Irren auf innre verborgene Bewegung aller Materie zielt. Denn oftmals wirst Du sie sehen,
wie vom geheimen Stoß sie erregt die Richtung verändern; rückwärts bald, bald dahin und dorthin,
nach jeglicher Seite hingetrieben durch ihn. Von diesem lieget der Grund schon im ursprünglichen
Trieb der ersten Körperchen aller. Diese bewegen sich erst durch sich selbst, dann erregen sie andere
durch verborgenen Stoß, die von engem Verein und die gleichsam an der Materie Urkraft selbst an-
grenzend zunächst sind; diese reizen nachher auch andere größere Teilchen. Also steigt von Stoffen
empor die Bewegung und zeigt sich unseren Sinnen zuletzt: so dass sich auch jene bewegen, die wir
im Sonnenlicht zu sehn vermögen; der Stoß nur welcher solches bewirkt, erscheint nicht deutlich
dem Auge…“(De rerum natura, liber secundus, 123-141, Übersetzung Karl Ludwig v. Knebel)

[5] LOUIS BACHELIER, *1870 Le Havre, †1946 St-Servan-sur-Mer. Mathematiker; er nahm in seiner
Dissertation bei Poincaré wesentliche Ideen der modernen Finanzmathematik vorweg.

[6] NORBERT WIENER, *1894 Columbia, Missouri, †1964 Stockholm. Mathematiker mit fundamentalen
Beiträgen zur harmonischen Analyse und Wahrscheinlichkeitstheorie. Er war auch ein Pionier der
Informatik.

Der Ansatz ist jedoch noch nicht zufriedenstellend. In diesem Rahmen lassen sich viele Ereignisse, die von Interesse sind, nicht bilden, noch nicht einmal das Ereignis

$$\{W_t = f(t) \text{ für alle } t \geq 0\},$$

wobei $f : [0, \infty) \to \mathbb{R}$ irgendeine stetige Funktion bezeichnet. Wir können dieses Ereignis hier nicht als den Durchschnitt $\bigcap_{t \geq 0} \{W_t = f(t)\}$ definieren, denn der maßtheoretisch geprägte Formalismus der Wahrscheinlichkeitstheorie gibt es im Allgemeinen nicht her, zum Durchschnitt von überabzählbar vielen Ereignissen überzugehen.

Deswegen stellen wir dem Konzept ein zweites zur Seite, bei dem W als eine „zufällige stetige Funktion" behandelt wird. Gemeint ist, dass nun W als eine Zufallsvariable aufgefasst wird, die ihre Werte in $C[0, \infty)$ annimmt, in der Menge aller stetigen Funktionen $f : [0, \infty) \to \mathbb{R}$. Wir können W zum Zeitpunkt $t \geq 0$ auswerten, indem wir

$$W(t) := \pi_t(W)$$

setzen, mit der Projektionsabbildung $\pi_t : C[0, \infty) \to \mathbb{R}$, gegeben durch

$$\pi_t(f) := f(t), \quad t \geq 0.$$

Mit diesem Vorgehen schließen wir an Überlegungen im Kapitel über Markovketten an, wo wir eine Markovkette $X = (X_n)_{n \geq 0}$ ja auch als *zufälligen Pfad*, als Zufallsvariable mit Werten im Raum $S^{\mathbb{N}_0}$ betrachtet haben. Wir gehen hier analog vor und versehen den Pfadraum $C[0, \infty)$ mit der σ-Algebra

$$\mathcal{B}_{C[0,\infty)} = \sigma(\pi_t, t \geq 0),$$

der von den Projektionen π_t, $t \geq 0$, erzeugten σ-Algebra. Für stetiges $f : [0, \infty) \to \mathbb{R}$ ist dann die Einpunktmenge

$$\{f\} = \{g \in C[0, \infty) : g(t) = f(t) \text{ für alle } t \in \mathbb{Q}^+\} = \bigcap_{t \in \mathbb{Q}^+} \pi_t^{-1}(\{f(t)\})$$

als abzählbarer Durchschnitt ein Element von $\mathcal{B}_{C[0,\infty)}$. Nun sind wir also in der Lage, das Ereignis $\{W = f\}$ zu bilden, und es folgt

$$\{W = f\} = \bigcap_{t \in \mathbb{Q}^+} \{W \in \pi^{-1}(\{f(t)\})\} = \bigcap_{t \in \mathbb{Q}^+} \{W(t) = f(t)\}.$$

Ähnlich dürfen wir das Ereignis

$$\left\{ \sup_{s \leq t} W(s) > c \right\} = \left\{ \sup_{s \in \mathbb{Q}, s \leq t} W(s) > c \right\} = \bigcup_{s \in \mathbb{Q}, s \leq t} \{W(s) > c\}$$

bilden, dessen Wahrscheinlichkeit wir später bestimmen.

Die Verteilung von W, das sogenannte *Wienermaß*, ist wie bei jeder anderen Zufallsvariablen definiert. Sie ist das W-Maß μ auf $\mathcal{B}_{C[0,\infty)}$, gegeben durch

$$\mu(B) := \mathbf{P}(W \in B), \quad B \in \mathcal{B}_{C[0,\infty)}.$$

Im vorliegenden Fall ist μ eindeutig durch die endlichdimensionalen Verteilungen von W bestimmt, also durch die Verteilungen der Zufallsvektoren von der Gestalt $(W(t_1), \ldots, W(t_k))$ mit $t_1, \ldots, t_k \geq 0$. Die Situation entspricht völlig den Verhältnissen bei Markovketten.

Diese beiden geschilderten Sichtweisen – die einer Familie $(W_t)_{t \geq 0}$ von reellwertigen Zufallsvariablen und die einer $C[0, \infty)$-wertigen Zufallsvariablen W – setzt man so in Beziehung: Man sagt, dass W *eine Version* von $(W_t)_{t \geq 0}$ ist, falls für alle $t \geq 0$

$$W_t = W(t) \text{ f.s.}$$

gilt. In diesem Fall spricht man davon, dass $(W_t)_{t \geq 0}$ *f.s. stetige Pfade besitzt*. Der zufällige Pfad W ist dann sozusagen die geglättete Version von $(W_t)_{t \geq 0}$. In der Notation braucht man dann nicht mehr sorgfältig zwischen W und $(W_t)_{t \geq 0}$ bzw. zwischen $W(t)$ und W_t zu unterscheiden. Wir schreiben $W = (W_t)_{t \geq 0}$ und rechnen immer in der glatten Version.

Die Größen

$$\Delta W_{s,t} := W_t - W_s\,, \quad 0 \leq s \leq t\,,$$

nennen wir die *Zuwächse* oder *Inkremente* des Prozesses und schreiben sie auch als $\Delta W(s, t)$.

Definition

Eine Familie $W = (W_t)_{t \geq 0}$ von reellwertigen Zufallsvariablen heißt *standard Brownsche Bewegung*, kurz *sBB*, falls $W_0 = 0$ f.s. gilt und falls folgende Forderungen erfüllt sind:

(i)   Für $0 \leq s < t$ ist $\Delta W_{s,t}$ normalverteilt mit Erwartung 0 und Varianz $t - s$.
(ii) Für $0 \leq t_0 < t_1 < \cdots < t_k$ sind $\Delta W_{t_0,t_1}, \ldots, \Delta W_{t_{k-1},t_k}$ unabhängige Zufallsvariable.
(iii) W hat f.s. stetige Pfade.

Die Bedingungen legen die endlichdimensionalen Verteilungen von W fest, und damit auch die Gesamtverteilung von W. Das Bild zeigt die eindimensionalen Verteilungen zu den Zeitpunkten 0, 1, 2 und 3.

Die Bedingungen sind nicht völlig voneinander unabhängig. Gleich zeigen wir, dass sich (iii) im Wesentlichen schon aus (i) und (ii) ergibt, und in Abschn. 3.5 werden wir sehen, dass (ii) und (iii) schon (i) nach sich ziehen, wenn man von einer deterministischen Drift absieht.

3.2   Eine Konstruktion für die Brownsche Bewegung

Wir wollen zeigen, dass die Forderungen in der letzten Definition nicht zueinander im Widerspruch stehen. Dies erreichen wir, indem wir eine Brownsche Bewegung konstruieren. Die eine Hälfte der Konstruktion findet sich im folgenden Beweis.

Satz 3.1 *Sei $X = (X_t)_{t\geq0}$ eine Familie von reellwertigen Zufallsvariablen mit $X_0 = 0$ f.s. Erfüllen deren Inkremente $\Delta X_{s,t}$ die Bedingungen (i) und (ii) der obigen Definition, so gibt es eine sBB W, die eine Version von X ist, d. h., für alle $t \geq 0$ gilt $X_t = W(t)$ f.s.*

Beweis Wir definieren $C[0, \infty)$-wertige Zufallsvariable W_n, indem wir zunächst $W_n(t) :=$ X_t für dyadische Zahlen $t = m/2^n$, $m \in \mathbb{N}_0$ setzen und dazwischen die Pfade von W_n durch lineare Interpolation ergänzen. In Formeln ausgedrückt:

$$W_n(t) := X_{m/2^n} + (2^n t - m) \cdot \Delta X\left(\tfrac{m}{2^n}, \tfrac{m+1}{2^n}\right)$$

für $m/2^n \leq t < (m + 1)/2^n$. Die Abbildung zeigt Realisierungen von W_3, W_6, W_9 und W_{12} auf dem Zeitintervall $[0,1]$.

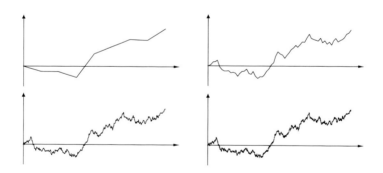

Nach Konstruktion nimmt $|W_n - W_{n-1}|$ seine Maxima an den Stellen $(2k-1)/2^n$ an, daher gilt

$$
\begin{aligned}
\sup_{t \leq n} \left|W_n(t) - W_{n-1}(t)\right| &= \max_{1 \leq k \leq n2^{n-1}} \left|W_n\left(\tfrac{2k-1}{2^n}\right) - W_{n-1}\left(\tfrac{2k-1}{2^n}\right)\right| \\
&= \max_{1 \leq k \leq n2^{n-1}} \left|X_{(2k-1)/2^n} - \frac{X_{(k-1)/2^{n-1}} + X_{k/2^{n-1}}}{2}\right| \\
&= \max_{1 \leq k \leq n2^{n-1}} \left|\tfrac{1}{2}\Delta X\left(\tfrac{k-1}{2^{n-1}}, \tfrac{2k-1}{2^n}\right) - \tfrac{1}{2}\Delta X\left(\tfrac{2k-1}{2^n}, \tfrac{k}{2^{n-1}}\right)\right|.
\end{aligned}
$$

Dies ist nach (i) und (ii) das Maximum der Beträge von normalverteilten Zufallsvariablen mit Erwartungswert 0 und Varianz $s_n^2 := 2^{-n-1}$. Bezeichnet Z eine standard normalverteilte Zufallsvariable, so folgt mit der Markov-Ungleichung

$$\mathbf{P}\Big(\sup_{t \le n}|W_n(t) - W_{n-1}(t)| \ge n^{-2}\Big) \le n2^{n-1}\mathbf{P}\big(|Z| \ge s_n^{-1}n^{-2}\big)$$

$$\le n2^{n-1}(s_n n^2)^4 \mathbf{E}\big[|Z|^4\big] \le n^9 2^{-n}\mathbf{E}\big[|Z|^4\big].$$

Summiert über $n \in \mathbb{N}$ ergibt dies einen endlichen Wert, und nach dem Borel-Cantelli-Lemma folgt, dass mit Wahrscheinlichkeit 1 die Ereignisse

$$\Big\{\sup_{t \le n}|W_n(t) - W_{n-1}(t)| \ge n^{-2}\Big\}$$

nur endlich oft eintreten. Damit gilt f.s. für ausreichend großes m und alle $n > m$

$$\sup_{t \le m}|W_n(t) - W_m(t)| \le \sum_{j=m+1}^{n}\sup_{t \le j}|W_j(t) - W_{j-1}(t)| \le \sum_{j=m+1}^{\infty} j^{-2}.$$

Die Reihe rechts hat mit wachsendem m einen beliebig kleinen Wert. Die Folge W^n bildet damit f.s. eine Cauchy-Folge, bezüglich gleichmäßiger Konvergenz auf kompakten Intervallen. Daher konvergieren die zufälligen Funktionen W_n nach bekannten Sätzen der Analysis über stetige Funktionen mit Wahrscheinlichkeit 1 gleichmäßig auf kompakten Intervallen gegen eine $C[0, \infty)$-wertige Zufallsvariable W.

Es bleibt, $W(t) = X_t$ f.s. für alle $t \ge 0$ zu zeigen. Im Fall $t = m/2^n$ gilt für alle $n' \ge n$ nach Konstruktion $W(t) = W_{n'}(t) = X_t$. Ist weiter $t \ge 0$ beliebig und sind t_n dyadische Zahlen, die gegen t konvergieren, so folgt $W(t_n) \to W(t)$, da W stetige Pfade besitzt, und $X_{t_n} \to X_t$ in Wahrscheinlichkeit, da $\mathbf{E}\big[(X_{t_n} - X_t)^2\big] = |t_n - t|$ gegen 0 konvergiert. Aus $W(t_n) = X_{t_n}$ folgt daher im Grenzübergang $W(t) = X_t$ f.s. Damit übertragen sich auch die Eigenschaften (i) und (ii) von X auf W, so dass W eine sBB ist.   □

Dieser Beweis ist auch der Schlüssel zur Konstruktion einer Brownschen Bewegung, die auf Paul Lévy[7] und Zbigniew Ciesielski[8] zurückgeht.

Satz 3.2 *Standard Brownsche Bewegungen existieren.*

Beweis Der vorige Beweis zeigt, dass es ausreicht, Zufallsvariable X_t mit $t = m/2^n$ zu konstruieren, sodass die Eigenschaften (i) und (ii) gelten, dass also $X_t - X_s$ für dyadische $s < t$

---

[7] PAUL LÉVY, *1886 Paris, †1971 ebenda. Funktionalanalytiker, Pionier der modernen Wahrscheinlichkeitstheorie und Wegbereiter der Stochastischen Analysis.
[8] ZBIGNIEW CIESIELSKI, *1934 Gdynia, Mathematiker mit Beiträgen zur Funktionalanalysis und Wahrscheinlichkeitstheorie.

normalverteilt mit Erwartung 0 und Varianz $t - s$ ist und dass die Zuwächse in disjunkten dyadischen Zeitintervallen unabhängig sind. Dann erhält man wie im vorigen Beweis eine Zufallsvariable W mit Werten in $C[0, \infty)$ und mit $W(t) = X_t$ f.s. für alle dyadischen $t \geq 0$. Die Eigenschaften (i) und (ii) übertragen sich per Grenzübergang dann auf die Zuwächse aller Zeitintervalle.

Sei $Z_{k,n}$, $k, n \in \mathbb{N}_0$ eine unendliche Folge von standard normalverteilten Zufallsvariablen. Wir konstruieren die Zufallsvariablen $X_{m/2^n}$ induktiv nach n.

Im Induktionsanfang $n = 0$ bilden wir X_m, $m \geq 0$, indem wir

$$X_0 := 0, \quad X_{m+1} - X_m := Z_{m,0}$$

setzen. Dann sind die Zuwächse $\Delta X_{m,m+1}$, $m \geq 0$, offenbar unabhängig und haben Erwartung 0 und Varianz 1.

Den Induktionsschritt führen wir von $n = 0$ zu $n = 1$ durch. Es sind die Zufallsvariablen $X_{1/2}, X_{3/2}, \ldots$ einzufügen. Wir setzen für $k \in \mathbb{N}$

$$X_{\frac{2k-1}{2}} := \frac{X_{k-1} + X_k}{2} + \frac{1}{2} Z_{k,1}.$$

Dieser Ansatz ergibt

$$\sqrt{2} \cdot \Delta X_{k-1, \frac{2k-1}{2}} = \frac{1}{\sqrt{2}} \Delta X_{k-1,k} + \frac{1}{\sqrt{2}} Z_{k,1},$$

$$\sqrt{2} \cdot \Delta X_{\frac{2k-1}{2}, k} = \frac{1}{\sqrt{2}} \Delta X_{k-1,k} - \frac{1}{\sqrt{2}} Z_{k,1}.$$

Wir fassen diese Gleichungen als zweidimensionale Transformation auf. Auf der rechten Seite erkennt man $\Delta X_{k-1,k}$ und $Z_{k,1}$ als zwei unabhängige standard normalverteilte Zufallsvariable. Zudem ist die Matrix $\begin{pmatrix} 1/\sqrt{2} & 1/\sqrt{2} \\ 1/\sqrt{2} & -1/\sqrt{2} \end{pmatrix}$ orthogonal. Nach bekannten Eigenschaften der Normalverteilung sind daher auch die beiden Zufallsvariablen auf der linken Seite unabhängig und standard normalverteilt. Da zudem für unterschiedliche k die Zufallsvariablen rechts voneinander unabhängig sind, folgt, dass alle Zuwächse $\Delta X\left(\frac{m}{2}, \frac{m+1}{2}\right)$ voneinander unabhängig und normalverteilt mit Erwartungswert 0 und Varianz 1/2 sind. Damit ist der Induktionsschritt zu $n = 1$ vollführt.

Die weiteren Induktionsschritte verlaufen nach genau demselben Schema, unter Verwendung von

$$X_{(2k-1)/2^n} := \frac{X_{(k-1)/2^{n-1}} + X_{k/2^{n-1}}}{2} + s_n Z_{k,n}$$

mit $s_n = 2^{-(n+1)/2}$. Die entsprechende Rechnung sei dem Leser überlassen.   □

3.3   Drei Eigenschaften der Brownschen Bewegung

Man kann zeigen, dass die Pfade einer Brownschen Bewegung f.s. nirgends differenzierbar sind, wie es ja auch die Simulationen nahelegen. Darauf gehen wir in den Aufgaben ein, hier begnügen wir uns mit einer verwandten Eigenschaft, dass nämlich ihre Pfade nicht-verschwindende quadratische Variation besitzen. Für eine stetig differenzierbare Funktion $f : \mathbb{R}_+ \to \mathbb{R}$ und eine Partition $s_i = s_{in}$, $0 \le i \le n$, mit $0 = s_0 < s_1 < \cdots < s_n = t$ gilt unter Benutzung des Mittelwertsatzes

$$\sum_{i=1}^{n}(f(s_i) - f(s_{i-1}))^2 \le \sup_{s \le t}|f'(s)|^2 \sum_{i=1}^{n}(s_i - s_{i-1})^2 \ .$$

Falls wir die Partition immer feiner wählen, also $\max_{i \le n}(s_i - s_{i-1})$ gegen 0 gehen lassen, strebt dieser Ausdruck gegen 0, wegen

$$\sum_{i=1}^{n}(s_i - s_{i-1})^2 \le \max_{i \le n}(s_i - s_{i-1})\sum_{i=1}^{n}(s_i - s_{i-1}) = \max_{i \le n}(s_i - s_{i-1})t \ .$$

Man sagt, f hat verschwindende quadratische Variation. Für die Pfade einer Brownschen Bewegung ist das anders.

Satz 3.3 (Quadratische Variation) *Sei W eine sBB und $t > 0$. Sei für Zahlen $s_i = s_{in}$, $0 \le i \le n$, mit $0 = s_0 < s_1 < \cdots < s_n = t$*

$$V_n = V(s_0, \dots, s_n) := \sum_{i=1}^{n}\left(W(s_i) - W(s_{i-1})\right)^2 \ .$$

Aus $\max_{i \le n}(s_i - s_{i-1}) \to 0$ für $n \to \infty$ folgt dann $V_n \to t$ in Wahrscheinlichkeit.

Beweis Zu zeigen ist $\mathbf{P}\left(|V_n - t| \ge \varepsilon\right) \to 0$ für alle $\varepsilon > 0$. Wegen Unabhängigkeit der Zuwächse und $\mathbf{E}\left[\Delta W(s_{i-1}, s_i)\right] = 0$ gilt

$$\mathbf{E}[V_n] = \sum_{i=1}^{n}\mathbf{Var}\left[\Delta W(s_{i-1}, s_i)\right] = \sum_{i=1}^{n}(s_i - s_{i-1}) = t$$

und

$$\mathbf{Var}[V_n] = \sum_{i=1}^{n}\mathbf{Var}\left[\Delta W(s_{i-1}, s_i)^2\right]$$

$$\le \sum_{i=1}^{n}\mathbf{E}\left[\Delta W(s_i, s_{i-1})^4\right] = \sum_{i=1}^{n}(s_i - s_{i-1})^2 \mathbf{E}[Z^4]$$

mit einer standard normalverteilten Zufallsvariablen Z. Nach Voraussetzung folgt $\mathbf{Var}[V_n] \to 0$, und die Behauptung folgt nach der Chebyshev-Ungleichung.   □

Normalverteilte Zufallsvariable bleiben unter Reskalierung normalverteilt. Diese Eigenschaft überträgt sich auf Brownsche Bewegungen.

> **Satz 3.4 (Skalierungsinvarianz)** *Sei W eine sBB und sei c > 0. Dann ist auch der Prozess W', gegeben durch $W'_t := \frac{1}{c} W_{c^2 t}$, $t \geq 0$, eine sBB.*

Beweis Es ist $\Delta W'(s, t) = \frac{1}{c} \Delta W(c^2 s, c^2 t)$ normalverteilt mit Erwartung 0 und Varianz $c^{-2}(c^2 t - c^2 s) = t - s$. Daher erfüllt B die Bedingung (i). Die Bedingungen (ii) und (iii) übertragen sich unmittelbar.   □

Schließlich wollen wir zeigen, dass eine Brownsche Bewegung bei geeignetem Stoppen wieder zu einer Brownschen Bewegung führt. Dazu führen wir die von W erzeugte Filtration $\mathbb{F} = (\mathcal{F}_t)_{t \geq 0}$ ein, gegeben durch

$$\mathcal{F}_t := \sigma(W_s, s \leq t), \quad 0 \leq t \leq \infty .$$

Sie erfüllt wieder die Eigenschaft $\mathcal{F}_s \subset \mathcal{F}_t$ für $s < t$, im Gegensatz zu den von uns bisher betrachteten Filtrationen ist der Parameter t nun kontinuierlich. Weiter übertragen wir den Begriff der Stoppzeit.

Definition

Eine Zufallsvariable T mit Werten in $[0, \infty]$ heißt $\mathbb{F}$-*Stoppzeit*, falls

$$\{T \leq t\} \in \mathcal{F}_t \quad \text{für alle } t \geq 0$$

gilt, und $\mathbb{F}^+$-*Stoppzeit*, falls für alle $\varepsilon > 0$

$$\{T \leq t\} \in \mathcal{F}_{t+\varepsilon} \quad \text{für alle } t \geq 0$$

gilt. Die *Teilfelder der T-Vergangenheit* und T^+-*Vergangenheit* sind definiert als

$$\mathcal{F}_T := \{A \in \mathcal{F}_\infty : A \cap \{T \leq t\} \in \mathcal{F}_t \text{ für alle } t \geq 0\}$$

und

$$\mathcal{F}_{T+} := \{A \in \mathcal{F}_\infty : A \cap \{T \leq t\} \in \mathcal{F}_{t+\varepsilon} \text{ für alle } t \geq 0, \varepsilon > 0\} .$$

Offenbar gilt $\mathcal{F}_T \subset \mathcal{F}_{T+}$. Eine $\mathbb{F}$-Stoppzeit T ist $\mathcal{F}_T$-messbar, und eine $\mathbb{F}^+$-Stoppzeit ist $\mathcal{F}_{T+}$-messbar.

$\mathbb{F}$-Stoppzeiten sind wie früher zu interpretieren: Ist ihr Wert kleiner oder gleich t, so steht das Eintreten dieses Ereignisses auch schon zur Zeit t fest. Bei den $\mathbb{F}^+$-Stoppzeiten ist zusätzlich noch ein winziger, „infinitesimaler" Blick in die Zukunft gestattet. $\mathbb{F}^+$-Stoppzeiten werden auch durch die Bedingung

$$\{T < t\} \in \mathcal{F}_t \quad \text{für alle } t > 0 \tag{3.1}$$

charakterisiert, wie man aus $\{T < t\} = \bigcup_n \{T \le t - \varepsilon_n\}$ und $\{T \le t\} = \bigcap_n \{T < t + \varepsilon_n\}$ für jede Nullfolge $\varepsilon_1 > \varepsilon_2 > \cdots > 0$ erkennt. Genauso überzeugt man sich von der Gleichheit

$$\mathcal{F}_{T+} = \{A \in \mathcal{F}_\infty : A \cap \{T < t\} \in \mathcal{F}_t \text{ für alle } t > 0\} .$$

Die folgende Bemerkung entwickelt diese Überlegungen noch weiter.

▶ **Bemerkung** Jede reelle Zahl $u \ge 0$ lässt sich als Stoppzeit bezüglich einer Filtration $\mathbb{F} = (\mathcal{F}_t)_{t\ge0}$ auffassen. Zeigen Sie:

(i) $\mathcal{F}_{u+} = \bigcap_{\varepsilon>0} \mathcal{F}_{u+\varepsilon}$.

(ii) T ist genau dann eine $\mathbb{F}^+$-Stoppzeit, wenn $\{T \le u\} \in \mathcal{F}_{u+}$ für alle $u \ge 0$.

(iii) Für die Filtration $\mathbb{F}^+ := (\mathcal{F}_{u+})_{u\ge0}$ gilt $(\mathbb{F}^+)^+ = \mathbb{F}^+$.

Der Beweis sei dem Leser als Übung überlassen.

Beispiel (Eintrittszeiten)
Wir betrachten hier die sBB W als zufällige stetige Funktion, als Zufallsvariable mit Wertebereich $C[0, \infty)$.

1. Sei $O \subset \mathbb{R}$ eine offene Menge. Dann ist die Eintrittszeit

$$T_O := \inf\{t \ge 0 : W_t \in O\}$$

von W in die Menge O eine $\mathbb{F}^+$-Stoppzeit. Für offenes O gilt nämlich aufgrund der Stetigkeit der Pfade

$$\{T_O < t\} = \bigcup_{s\in\mathbb{Q}^+, s<t} \{W_s \in O\} \in \mathcal{F}_t ,$$

sodass (3.1) erfüllt ist. Dagegen handelt es sich im Allgemeinen nicht um eine $\mathbb{F}$-Stoppzeit. Anschaulich gesprochen ist zum Zeitpunkt T_O ein winziger Blick in die Zukunft erforderlich, um festzustellen, ob sich W wirklich vom Rande in O hineinbewegt.

2. Sei nun $A \subset \mathbb{R}$ abgeschlossen. Dann ist die Eintrittszeit

$$T_A := \inf\{t \ge 0 : W_t \in A\}$$

eine $\mathbb{F}$-Stoppzeit. Zum Beweis betrachten wir eine Nullfolge $\varepsilon_n > 0$, $n \ge 1$, und die offenen ε_n-Umgebungen $O_n := \{x \in \mathbb{R} : |x - y| < \varepsilon_n \text{ für ein } y \in A\}$ von A. Da A abgeschlossen ist, gilt für $t > 0$ aufgrund der Stetigkeit der Pfade

$$\{T_A \le t\} = \bigcap_{n\ge1} \{T_{O_n} < t\} .$$

Nach dem vorangegangenen Beispiel gilt also $\{T_A \le t\} \in \mathcal{F}_t$. Außerdem ergibt sich $\{T_A = 0\} = \{W_0 \in A\} \in \mathcal{F}_0$ wegen der Abgeschlossenheit von A.

Satz 3.5 (Starke Markoveigenschaft) *Sei T eine f.s. endliche $\mathbb{F}^+$-Stoppzeit für die sBB W. Dann ist auch $W' = (W'_t)_{t \geq 0}$, gegeben durch*

$$W'_t := W_{T+t} - W_T, \quad t \geq 0, \tag{3.2}$$

eine sBB. Außerdem sind $\mathcal{F}_{T+}$ und W' unabhängig, d. h., es gilt

$$\mathbf{P}(A, W' \in B) = \mathbf{P}(A)\mathbf{P}(W' \in B)$$

für alle $A \in \mathcal{F}_{T+}$ und $B \in \mathcal{B}_{C[0,\infty)}$.

Beweis (i) Zunächst nehme T nur den festen Wert u an. Dann ist unmittelbar einsichtig, dass W' eine sBB ist. Wir zeigen

$$\mathbf{P}(A, W' \in B) = \mathbf{P}(A)\mathbf{P}(W' \in B), \tag{3.3}$$

zunächst nur für $A \in \mathcal{F}_u$ und $B \in \mathcal{B}_{C[0,\infty)}$. Seien dazu $0 = s_0 < s_1 < \cdots < s_k \leq u, 0 = t_0 < t_1 < \cdots < t_l$ reelle Zahlen. Nach Definition einer sBB sind dann $\Delta_1 = \Delta W_{s_0,s_1}, \ldots, \Delta_k = \Delta W_{s_{k-1},s_k}, \Delta'_1 = \Delta W_{u+t_0,u+t_1}, \ldots, \Delta'_l = \Delta W_{u+t_{l-1},u+t_l}$ unabhängige Zufallsvariable, sodass für Borelmengen $B_1 \subset \mathbb{R}^k, B_2 \subset \mathbb{R}^l$

$$\mathbf{P}\big((\Delta_1, \ldots, \Delta_k) \in B_1, (\Delta'_1, \ldots, \Delta'_l) \in B_2\big)$$
$$= \mathbf{P}\big((\Delta_1, \ldots, \Delta_k) \in B_1\big)\mathbf{P}\big((\Delta'_1, \ldots, \Delta'_l) \in B_2\big)$$

folgt. Nun bilden die Ereignisse $\{(\Delta_1, \ldots, \Delta_k) \in B_1\}$ einen $\cap$-stabilen Erzeuger von $\mathcal{F}_u$. Nach dem Eindeutigkeitssatz für Maße folgt daher

$$\mathbf{P}\big(A, (\Delta'_1, \ldots, \Delta'_l) \in B_2\big) = \mathbf{P}(A)\mathbf{P}\big((\Delta'_1, \ldots, \Delta'_l) \in B_2\big)$$

für alle $A \in \mathcal{F}_u$. Genauso ist $\{(\Delta'_1, \ldots, \Delta'_l) \in B_2\}$ ein $\cap$-stabiler Erzeuger des von W' erzeugten Teilfeldes. Eine weitere Anwendung des Eindeutigkeitssatzes ergibt daher (3.3).

(ii) Nun sei T eine $\mathbb{F}$-Stoppzeit, die nur die Werte $u_1, u_2, \ldots$ annimmt. Sei außerdem $A \in \mathcal{F}_T$, dann gilt $A \cap \{T = u_k\} \in \mathcal{F}_{u_k}$, und es folgt nach (i) mit $W'_k(t) := W_{u_k+t} - W_{u_k}$

$$\mathbf{P}(A, W' \in B) = \sum_{k \geq 1} \mathbf{P}(A \cap \{T = u_k\}, W'_k \in B) = \sum_{k \geq 1} \mathbf{P}(A \cap \{T = u_k\})\mathbf{P}(W \in B)$$

und folglich

$$\mathbf{P}(A, W' \in B) = \mathbf{P}(A)\mathbf{P}(W \in B).$$

Wählt man speziell A als das sichere Ereignis, so erkennt man, dass W' eine sBB ist. Es folgt $\mathbf{P}(A, W' \in B) = \mathbf{P}(A)\mathbf{P}(W' \in B)$ für alle $A \in \mathcal{F}_T$. $\mathcal{F}_T$ und W' sind also unabhängig.

(iii) Sei schließlich T eine $\mathbb{F}^+$-Stoppzeit. Dann setzen wir für natürliche Zahlen $m, n \geq 1$

$$T_m := \frac{n}{2^m} \quad \text{auf dem Ereignis } \left\{ \frac{n-1}{2^m} \leq T < \frac{n}{2^m} \right\}, \, n = 1, 2, \ldots \tag{3.4}$$

Wegen $\left\{ T_m \leq \frac{n}{2^m} \right\} = \left\{ T < \frac{n}{2^m} \right\}$ ist T_m eine $\mathbb{F}$-Stoppzeit.

Sei weiter $A \in \mathcal{F}_{T^+}$. Wegen $A \cap \left\{ T_m \leq \frac{n}{2^m} \right\} = A \cap \left\{ T < \frac{n}{2^m} \right\}$ folgt $A \in \mathcal{F}_{T_m}$. Nach (ii) ist also durch $W_m(t) := W_{T_m+t} - W_{T_m}$ eine sBB gegeben, die unabhängig vom Ereignis A ist. Nun gilt $T_m \downarrow T$ für $n \to \infty$, und wegen der Stetigkeit der Pfade von W auch $W_m(t) \to W'(t)$. Dann ist auch W' eine sBB, die unabhängig von A ist. Damit ist der Beweis geführt. □

Beispiel (Spiegelungsprinzip)
Wir wollen für eine sBB W die Verteilung von $\sup_{t \leq u} W_t$ für ein $u > 0$ bestimmen. Dazu sei $a > 0$ und

$$T_a := \inf\{t \geq 0 : W_t = a\}.$$

Wir wenden die starke Markoveigenschaft auf die Stoppzeit $T = \min(u, T_a)$ an. Danach ist das durch (3.2) definierte W' unabhängig vom Anfangsstück $(W_t)_{t<T}$. Offenbar ist auch $-W'$ eine sBB mit derselben Unabhängigkeitseigenschaft. Deswegen handelt es sich auch bei dem „gespiegelten" Prozess

$$W_t^s := \begin{cases} W_t, & \text{falls } t \leq T \\ W_T - W'_{t-T}, & \text{falls } t > T \end{cases}$$

um eine sBB.

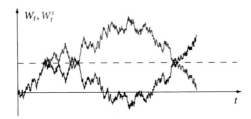

Nun gilt

$$\begin{aligned}
\left\{ \sup_{t \leq u} W_t \geq a \right\} &= \{T_a \leq u\} \\
&= \{T_a \leq u, W_u > a\} \cup \{T_a \leq u, W_u \leq a\} \\
&= \{T_a \leq u, W_u > a\} \cup \{T_a \leq u, W_u^s \geq a\} \\
&= \{W_u > a\} \cup \{W_u^s \geq a\}.
\end{aligned}$$

Es handelt sich um zwei disjunkte Ereignisse, und wir erhalten die übersichtliche Formel

$$\mathbf{P}(\sup_{t \leq u} W_t \geq a) = 2\mathbf{P}(W_u \geq a) = \mathbf{P}(|W_u| \geq a).$$

Es sind also $\sup_{t \leq u} W_t$ und $|W_u|$ identisch verteilt.

Beispiel (Treffwahrscheinlichkeiten)

Sei W eine sBB, und seien $a, b > 0$. Wir wollen die Wahrscheinlichkeit bestimmen, dass das Ereignis $\{W_t = a + bt \text{ für ein } t < \infty\}$ eintritt. Dazu setzen wir

$$T_{a,b} := \inf\{t \geq 0 : W_t = a + bt\}\,.$$

Wir wollen die starke Markoveigenschaft auf die endliche Stoppzeit $T := u \wedge T_{a,b}$ anwenden, mit $u > 0$. Es gilt $\{T < u\} \in \mathcal{F}_T$. Bezeichnet $T'_{a,b}$ die analoge Stoppzeit für $W'_t = W_{T+t} - W_T$, so folgt für $a, a', b > 0$

$$\mathbf{P}(T < u, T'_{a',b} < \infty) = \mathbf{P}(T < u)\mathbf{P}(T'_{a',b} < \infty)$$

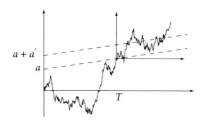

bzw.

$$\mathbf{P}(T_{a,b} < u, T_{a+a',b} < \infty) = \mathbf{P}(T_{a,b} < u)\mathbf{P}(T_{a',b} < \infty)\,.$$

Der Grenzübergang $u \to \infty$ ergibt schließlich

$$\mathbf{P}(T_{a+a',b} < \infty) = \mathbf{P}(T_{a,b} < \infty)\mathbf{P}(T_{a',b} < \infty)\,.$$

Diese Multiplikativitätseigenschaft in a bei festem b, zusammen mit der Monotonie von $\mathbf{P}(T_{a,b} < \infty)$ in a, ergibt

$$\mathbf{P}(T_{a,b} < \infty) = e^{-\kappa(b)a}$$

mit einer monotonen Funktion $\kappa(b) \geq 0$. Um sie näher zu bestimmen, benutzen wir die Skalierungseigenschaft von W. Es gilt mit $s = tb^2$ und $\widetilde{W}_s := bW_{s/b^2}$

$$T_{a,b} = \inf\{t \geq 0 : bW_t = ab + b^2 t\} = b^{-2}\inf\{s \geq 0 : \widetilde{W}_s = ab + 1 \cdot s\} = b^{-2}\widetilde{T}_{ab,1}$$

und folglich wegen $\{T_{a,b} < \infty\} = \{\widetilde{T}_{ab,1} < \infty\}$

$$\mathbf{P}(T_{a,b} < \infty) = e^{-\kappa(1)ab}\,.$$

Die Konstante $\kappa(1)$ ist auf diesem Weg nicht schnell zu erhalten. Wir werden bald mit ganz anderen Methoden sehen, dass $\kappa(1) = 2$ gilt.

3.4   Brownsche Bewegungen als gaußsche Prozesse

Für eine standard Brownsche Bewegung gilt nach den Eigenschaften (i) und (ii)

$$\mathbf{Cov}(W_s, W_t) = \mathbf{Cov}(W_s, W_s + \Delta W_{s,t}) = \mathbf{Var}(W_s) = s, \quad 0 \le s < t.$$

Man sagt, die Kovarianzfunktion der Brownschen Bewegung ist gegeben durch

$$\mathbf{Cov}(W_s, W_t) = s \wedge t.$$

Diese Eigenschaft wird sich für eine sBB sogar als charakteristisch erweisen, falls man zusätzlich fordert, dass W ein gaußscher Prozess ist. – Zunächst betrachten wir gaußverteilte Zufallsvariablen.

Definition

Eine $\mathbb{R}^n$-wertige Zufallsvariable $X = (X_1, \ldots, X_n)$ heißt *gaußverteilt* (oder *multivariat normalverteilt*), wenn jede Linearkombination $c_1 X_1 + \cdots + c_n X_n$ mit reellen Zahlen $c_1, \ldots, c_n$ normalverteilt ist.

Die wichtigen Kenngrößen sind der *Mittelwertvektor*

$$\mu_X = \mu = (\mu_1, \ldots, \mu_n) \quad \text{mit } \mu_i := \mathbf{E}[X_i]$$

und die *Kovarianzmatrix*

$$\Gamma_X = \Gamma = (\gamma_{ij})_{1 \le i, j \le n} \quad \text{mit } \gamma_{ij} := \mathbf{Cov}(X_i, X_j).$$

Offenbar ist Γ symmetrisch, zudem nichtnegativ definit, d. h. für alle $c_1, \ldots, c_n \in \mathbb{R}$ gilt

$$\sum_{i=1}^{n} \sum_{j=1}^{n} c_i \gamma_{ij} c_j \ge 0.$$

Denn $\sum_i \sum_j c_i \gamma_{ij} c_j = \mathbf{Var}[\sum_i c_i X_i]$.
   Die Kovarianzmatrix einer linearen Transformation $Y = AX$ berechnet sich nach der Formel $\Gamma_Y = A\Gamma_X A^T$ (Übung).

Lemma 3.6 *Zwei gaußverteilte Zufallsvariablen mit gleichem Mittelwertvektor μ und gleicher Kovarianzmatrix Γ haben dieselbe Verteilung.*

Beweis Wie sich mit Werkzeugen der Maß- und Integrationstheorie ergibt (Stichwort: charakteristische Funktionen), haben zwei $\mathbb{R}^n$-wertige Zufallsvariable X und Y dieselbe Verteilung, falls für alle reellen $c_1, \ldots, c_n$ die beiden reellwertigen Zufallsvariablen $c_1 X_1 + \cdots + c_n X_n$ und $c_1 Y_1 + \cdots + c_n Y_n$ identisch verteilt sind. Für gaußverteilte X und Y sind diese Linearkombinationen normalverteilte Zufallsvariable, deren Mittelwert und Varianz nach Voraussetzung gleich $\sum_i c_i \mu_i$ und Varianz $\sum_i \sum_j c_i \gamma_{ij} c_j$ sind. Dies ergibt die Behauptung. $\square$

Gaußverteilte Zufallsvariable haben eine wichtige, exklusive Eigenschaft.

Lemma 3.7 *Seien* $1 \le k < n$ *natürliche Zahlen. Verschwinden für eine gaußverteilte Zufallsvariable* $X = (X_1, \ldots, X_n)$ *für alle* $i \le k < j$ *die Kovarianzen* $\mathbf{Cov}(X_i, X_j)$*, so sind* $(X_1, \ldots, X_k)$ *und* $(X_{k+1}, \ldots, X_n)$ *unabhängig.*

Beweis Es bezeichne X' eine unabhängige Kopie von X. Mit X ist offenbar auch $(X_1, \ldots, X_k)$ gaußverteilt, und mit X' auch $(X'_{k+1}, \ldots, X'_n)$. Da Summen von unabhängigen, normalverteilten Zufallsvariablen wieder normalverteilt sind, ist auch $Y = (X_1, \ldots, X_k, X'_{k+1}, \ldots, X'_n)$ gaußverteilt. Außerdem haben X und Y den gleichen Mittelwertvektor und die gleiche Kovarianzmatrix, daher sind sie nach dem vorigen Lemma identisch verteilt. Y erfüllt die behauptete Unabhängigkeit, deswegen gilt sie auch für X. $\square$

Wir kehren nun zu stochastischen Prozessen zurück. Ein reellwertiger stochastischer Prozess $X = (X_t)_{t \ge 0}$ heißt *gaußsch*, falls für alle $0 \le t_1 < \cdots < t_k$ die Zufallsvariable $(X_{t_1}, \ldots, X_{t_k})$ gaußverteilt ist, und

$$\gamma(s, t) := \mathbf{Cov}(X_s, X_t)$$

heißt die *Kovarianzfunktion* von X. Sie bestimmt nach dem Lemma zusammen mit den Erwartungswerten $\mathbf{E}[X_t]$ die endlichdimensionalen Verteilungen von X.

Satz 3.8 *Ein stochastischer Prozess* W *mit* $W_0 = 0$ *f.s. und f.s. stetigen Pfaden ist genau dann eine sBB, wenn er ein zentrierter gaußscher Prozess mit Kovarianzfunktion* $\gamma(s, t) = s \wedge t$ *ist.*

Beweis Für $0 = t_0 < t_1 < \cdots < t_k$ ist $X = (W_{t_1}, \ldots, W_{t_k})$ genau dann gaußverteilt, wenn dies für $Y = (\Delta W_{t_0, t_1}, \ldots, \Delta W_{t_{k-1}, t_k})$ gilt. Diese Zufallsvektoren gehen nämlich durch Linearkombination auseinander hervor. Genauso sind auch die Beziehungen $\Gamma_X = (t_i \wedge t_j)$ und $\Gamma_Y = ((t_i - t_{i-1}) \delta_{ij})$ äquivalent (δ_{ij} bezeichnet das Kroneckersymbol). Die Behauptung ergibt sich deswegen aus dem vorigen Lemma. $\square$

Der Satz hat wichtige Anwendungen.

Beispiele

1. Für $0 \leq t \leq 1$ gilt $\mathbf{Cov}(W_t - t W_1, W_1) = t - t = 0$. Daher wird eine sBB W durch

$$W_t = B_t + t W_1 \,, \ 0 \leq t \leq 1 \,, \quad \text{mit } B_t := W_t - t W_1$$

in zwei unabhängige Bestandteile zerlegt. Der Prozess $B = (B_t)_{0 \leq t \leq 1}$ heißt *Brownsche Brücke*. Diese ist ein gaußscher Prozess, dessen Kovarianzfunktion sich als

$$\mathbf{Cov}(B_s, B_t) = s(1 - t) \,, \quad 0 \leq s \leq t \leq 1$$

bestimmt.

Übrigens ist aufgrund der Unabhängigkeit von B und W_1 der Prozess B in Verteilung nichts anderes als die Brownsche Bewegung W, bedingt auf das Ereignis $\{W_1 = 0\}$.

2. Setze nun $W_t' := t W_{1/t}$ für $t > 0$ sowie $W_0' = 0$. Mit W ist dann auch W' ein gaußscher Prozess. Weiter gilt $\mathbf{Cov}(W_s', W_t') = st \min(s^{-1}, t^{-1}) = \min(s, t)$. Auch für $s = 0$ oder $t = 0$ stimmt die Formel, daher haben W und W' dieselbe Kovarianzfunktion. Nach Satz 3.1 besitzt W' eine f.s. stetige Version. Da nun W' die Eigenschaft, f.s. für alle $t > 0$ stetig zu sein, von W erbt, stimmt W' bereits f.s. mit seiner stetigen Version überein. Es ist also bereits W' eine sBB.

3. Durch $X_t := e^{-t} W_{e^{2t}}, t \in \mathbb{R}$, ist ein gaußscher Prozess gegeben, dessen Zeitparameter t die gesamte reelle Achse durchläuft. Für $s < t$ ist $\mathbf{Cov}(X_s, X_t) = e^{-s} e^{-t} e^{2s} = e^{s-t}$, die Kovarianzfunktion ist also

$$\gamma(s, t) = e^{-|s-t|} \,.$$

Dies bedeutet, dass die Verteilung von $(X_{t_1+h}, \ldots, X_{t_k+h})$ vom Translationsparameter h unabhängig ist. Man sagt, X ist ein *stationärer Prozess*. X heißt *stationärer Ornstein[9]-Uhlenbeck[10]-Prozess*.

---

[9] LEONARD S. ORNSTEIN, *1880 Nijmwegen, †1941 Utrecht. Physiker mit Beiträgen zur statistischen Mechanik und experimentellen Untersuchungen über Spektrallinien.
[10] GEORGE E. UHLENBECK, *1900 Jakarta, †1988 Boulder, Colorado. Physiker mit Beiträgen zur statistischen Physik und zur Atomphysik.

3.5   **Brownsche Bewegungen mit Drift***

Bekanntlich gewinnt man aus einer standard normalverteilten Zufallsvariablen Z durch die Transformation $Y = \sigma Z + \mu$ eine $N(\mu, \sigma^2)$-verteilte Zufallsvariable. Durch eine analoge Transformation entsteht aus einer sBB W eine Brownsche Bewegung $X = (X_t)_{t\geq 0}$ in $\mathbb{R}$ mit *Diffusionskonstante* $\sigma^2 > 0$ und *Drift* μ. X ist dann von der Gestalt

$$X_t := \sigma W_t + \mu t$$

mit einer sBB $(W_t)_{t\geq 0}$ und Zahlen $\mu \in \mathbb{R}$ und $\sigma > 0$. Die charakteristischen Eigenschaften sehen nun folgendermaßen aus:

(i)   Für $0 \leq s < t$ ist $\Delta X_{s,t}$ normalverteilt mit dem Erwartungswert $\mu(t - s)$ und der Varianz $\sigma^2(t - s)$.

(ii) Für $0 \leq t_1 < t_2 < \cdots < t_k$ sind $\Delta X_{t_1,t_2}, \ldots, \Delta X_{t_{k-1},t_k}$ unabhängige Zufallsvariable.

(iii) X hat f.s. stetige Pfade.

Man erkennt, dass die wesentlichen Eigenschaften einer sBB erhalten bleiben. Insbesondere hängt die Verteilung des Inkrements $\Delta X_{s,t}$ wieder nur von $t - s$ ab. Einzig die Erwartungen und Varianzen ändern sich.

Man kann die Diffusionskonstante aus jedem Pfadstück $(X_s)_{0\leq s\leq t}$ mit $t < \infty$ erhalten, nämlich aus seiner quadratischen Variation: Für $0 < t < \infty$ und $n \to \infty$ gilt

$$\sum_{i=1}^{n} \left(\Delta X(\tfrac{(i-1)t}{n}, \tfrac{it}{n}) \right)^2 \to \sigma^2 t$$

in Wahrscheinlichkeit.

Die Drift dagegen ist wohl aus dem gesamten Pfad f.s. zu ermitteln, jedoch nicht aus Pfadstücken mit endlichem Zeithorizont. Dies beleuchtet auch der folgende Satz. Er impliziert, dass sich die Menge von „typischen" Pfadabschnitten einer sBB bei Addition einer Drift nicht verändert, die Pfade werden nur umgewichtet. Man spricht von einer *Girsanov[11]-Cameron[12]-Martin[13]-Transformation* oder kurz von der Girsanov-Transformation.

Dazu sei t eine positive reelle Zahl und $W = (W_s)_{0\leq s\leq t}$ eine sBB bis zur Zeit t. W_s ist dann $\mathcal{F}_t$-messbar für alle $s \leq t$. Sei weiter $\mu \in \mathbb{R}$. Wir führen auf $\mathcal{F}_t$ ein neues W-Maß $\mathbf{Q}_\mu$ ein, gegeben durch

$$\mathbf{Q}_\mu(E) = \mathbf{E}\left[\exp(\mu W_t - \tfrac{1}{2}\mu^2 t); E \right], \quad E \in \mathcal{F}_t .$$

---

[11] IGOR V. GIRSANOV, *1934 Turkestan, †1967 im Sajangebirge, Mongolei. Mathematiker mit Beiträgen zur Theorie der Markovprozesse.

[12] ROBERT H. CAMERON, *1908, †1989 Minnesota. Analytiker und Wahrscheinlichkeitstheoretiker.

[13] WILLIAM T. MARTIN, *1911 Arkansas, †2004. Analytiker und Wahrscheinlichkeitstheoretiker.

Dass es sich hier wirklich um ein W-Maß handelt, zeigt die Formel

$$\mathbf{E}[e^{\mu W_t}] = e^{\mu^2 t/2} \, , \tag{3.5}$$

die man durch eine einfache Rechnung erhält:

$$e^{-\frac{1}{2}\mu^2 t}\mathbf{E}[e^{\mu W_t}] = e^{-\frac{1}{2}\mu^2 t}\frac{1}{\sqrt{2\pi t}} \int_{-\infty}^{\infty} e^{\mu x - \frac{x^2}{2t}}\,dx = \frac{1}{\sqrt{2\pi t}} \int_{-\infty}^{\infty} e^{-\frac{(x-\mu t)^2}{2t}}\,dx = 1\, .$$

Wir schreiben kurz

$$d\mathbf{Q}_\mu = \exp(\mu W_t - \tfrac{1}{2}\mu^2 t)\,d\mathbf{P}' \, ,$$

wobei $\mathbf{P}'$ die Einschränkung von $\mathbf{P}$ auf $\mathcal{F}_t$ bezeichne. $\mathbf{Q}_\mu$ geht also mittels einer Dichte aus $\mathbf{P}'$ hervor und hat wegen der strikten Positivität der Dichte dieselben Nullereignisse.

Satz 3.9 *Der Prozess $(W_s)_{0 \leq s \leq t}$ ist bezüglich $\mathbf{Q}_\mu$ eine Brownsche Bewegung mit Drift μ.*

Beweis Sei $0 = s_0 < s_1 < \cdots < s_k = t$ und seien $B_1, \ldots, B_k$ Borelmengen in $\mathbb{R}$. Wir setzen $\Delta_i := \Delta W(s_{i-1}, s_i)$ und $\delta_i := s_i - s_{i-1}$. Dann gilt

$$\mathbf{Q}_\mu(\Delta_1 \in B_1, \ldots, \Delta_k \in B_k) = \mathbf{E}\big[\exp(\mu W_t - \tfrac{1}{2}\mu^2 t); \Delta_1 \in B_1, \ldots, \Delta_k \in B_k\big]$$

$$= \mathbf{E}\Big[\prod_{i=1}^{k} \exp(\mu\Delta_i - \tfrac{1}{2}\mu^2\delta_i); \Delta_1 \in B_1, \ldots, \Delta_k \in B_k\Big].$$

Unabhängigkeit der Zuwächse der sBB W ergibt

$$\mathbf{Q}_\mu(\Delta_1 \in B_1, \ldots, \Delta_k \in B_k) = \prod_{i=1}^{k} \mathbf{E}\big[\exp\big(\mu\Delta_i - \tfrac{1}{2}\mu^2\delta_i\big); \Delta_i \in B_i\big]$$

$$= \prod_{i=1}^{k} \frac{1}{\sqrt{2\pi\delta_i}} \int_{B_i} \exp\big(\mu x - \tfrac{1}{2}\mu^2\delta_i\big)\exp\big(-\frac{x^2}{2\delta_i}\big)\,dx$$

$$= \prod_{i=1}^{k} \frac{1}{\sqrt{2\pi\delta_i}} \int_{B_i} \exp\big(-\frac{(x - \mu\delta_i)^2}{2\delta_i}\big)\,dx\, .$$

Unter dem Maß $\mathbf{Q}_\mu$ sind also $\Delta_1, \ldots, \Delta_k$ ebenfalls unabhängige, normalverteilte Zufallsvariable, nun allerdings mit Erwartungswerten $\mu\delta_1, \ldots, \mu\delta_k$ und Varianzen $\delta_1, \ldots, \delta_k$.

Außerdem hat $(W_s)_{0 \leq s \leq t}$ auch unter $\mathbf{Q}_\mu$ f.s. stetige Pfade, denn das Ereignis, dass W' nicht stetig ist, bleibt auch unter $\mathbf{Q}_\mu$ ein Nullereignis. Damit sind die charakteristischen Eigenschaften einer Brownschen Bewegung mit Diffusionskonstante 1 und Drift μ erfüllt.

$\square$

Man mag sich fragen, ob es weitere Verallgemeinerungen einer sBB mit unabhängigen, stationären Zuwächsen gibt. Dabei spricht man von *unabhängigen Zuwächsen* eines Prozesses, falls $X_{t_1} - X_{t_0} \ldots, X_{t_k} - X_{t_{k-1}}$ für beliebige $t_0 < t_1 < \cdots < t_k$ unabhängige Zufallsvariable sind, und von *stationären Zuwächsen*, falls $X_t - X_s$ allein von $t - s$ abhängt.

Satz 3.10 *Sei $X = (X_t)_{t \geq 0}$ ein reellwertiger stochastischer Prozess mit festem Startwert $X_0 = 0$ und den folgenden Eigenschaften:*

(i) *X hat unabhängige, stationäre Zuwächse.*
(ii) *X hat f.s. stetige Pfade.*

Dann gibt es Zahlen $\mu \in \mathbb{R}$ und $\sigma \geq 0$ und eine sBB W, sodass

$$X_t = \mu t + \sigma W_t \; f.s.$$

für alle $t \geq 0$.

Beweis Einer Idee von Lindeberg[14] folgend zeigen wir, dass X_t normalverteilt ist. Zunächst folgt aus den Annahmen, dass X_t endliche Erwartung und Varianz hat. Dies besagt (unter allgemeineren Annahmen) Lemma 4.6 im nächsten Kapitel. Wegen der Stationarität der Zuwächse gilt für $n \in \mathbb{N}$

$$\mathbf{E}[X_{t/n}^2] = \mathbf{Var}[X_{t/n}] + \mathbf{E}[X_{t/n}]^2 = \frac{1}{n}\mathbf{Var}[X_t] + \frac{1}{n^2}\mathbf{E}[X_t]^2 \leq \frac{1}{n}\mathbf{E}[X_t^2].$$

Für fest vorgegebenes n und $\varepsilon > 0$ schreiben wir für $k = 1, \ldots, n$

$$Y_k = Y_{kn} := \Delta X_{(k-1)t/n, kt/n} \cdot I_{\{|\Delta X_{(k-1)t/n, kt/n}| \leq \varepsilon\}}.$$

Dann gilt für die (nicht von k abhängigen) Zahlen $e_n := \mathbf{E}[Y_k]$, $v_n := \mathbf{Var}[Y_k]$

$$|e_n| \leq \frac{1}{\varepsilon}\mathbf{E}[Y_k^2] \leq \frac{1}{\varepsilon}\mathbf{E}[X_{t/n}^2] = \frac{1}{\varepsilon n}\mathbf{E}[X_t^2], \quad v_n \leq \mathbf{E}[Y_k^2] \leq \frac{1}{n}\mathbf{E}[X_t^2]. \tag{3.6}$$

Seien nun $Z_1 = Z_{1n}, \ldots, Z_n = Z_{nn}$ unabhängige $N(e_n, v_n)$-verteilte Zufallsvariable, auch unabhängig von X. Sei $f : \mathbb{R} \to \mathbb{R}$ 3-mal stetig differenzierbar mit kompaktem Träger. Dann gilt

$$f(Y_1 + \cdots + Y_n) - f(Z_1 + \cdots + Z_n) = \sum_{k=1}^{n}\big(f(U_k + Y_k) - f(U_k + Z_k)\big)$$

mit $U_k = U_{kn} := Y_1 + \cdots + Y_{k-1} + Z_{k+1} + \cdots + Z_n$. Zweimaliges Taylorentwickeln um U_k ergibt

$$f(U_k + Y_k) - f(U_k + Z_k) = f'(U_k)(Y_k - Z_k) + \frac{1}{2}f''(U_k)(Y_k^2 - Z_k^2) + R_k.$$

---

[14] Jarl W. Lindeberg, *1876 Helsinki, †1932 ebenda. Stochastiker, bekannt für seinen Beitrag zum zentralen Grenzwertsatz.

Auf der rechten Seite haben die beiden ersten Terme aufgrund von Unabhängigkeit Erwartung 0, es folgt also $\left|\mathbf{E}[f(Y_1 + \cdots + Y_n)] - \mathbf{E}[f(Z_1 + \cdots + Z_n)]\right| \le \sum_{k=1}^n \mathbf{E}[|R_k|]$. Den Restterm können wir abschätzen durch

$$|R_k| \le \sup|f'''|(|Y_k|^3 + |Z_k|^3) \le \sup|f'''|(\varepsilon Y_k^2 + 8|Z_k - e_n|^3 + 8|e_n|^3),$$

und es folgt $\mathbf{E}[|R_k|] \le \sup|f'''|(\varepsilon v_n + cv_n^{3/2} + 8|e_n|^3)$ und wegen (3.6)

$$\left|\mathbf{E}[f(Y_1 + \cdots + Y_n)] - \mathbf{E}[f(Z_1 + \cdots + Z_n)]\right| \le \varepsilon \sup|f'''|\mathbf{E}[X_t^2] + o(1).$$

Nun führen wir den Grenzübergang $n \to \infty$ durch. Auf dem Ereignis $\{|\Delta X_{(k-1)t/n,kt/n}| \le \varepsilon$ für alle $1 \le k \le n\}$ gilt $Y_1 + \cdots + Y_n = X_t$. Da X auf $[0, t]$ f.s. gleichmäßig stetig ist, folgt $Y_1 + \cdots + Y_n \to X_t$ f.s. Außerdem ist $Z_1 + \cdots + Z_n$ eine $N(ne_n, nv_n)$-verteilte Zufallsvariable, deren Erwartungswerte und Varianzen nach (3.6) beschränkt sind. Durch Übergang zu einer Teilfolge erreichen wir Konvergenz, und es folgt

$$\left|\mathbf{E}[f(X_t)] - \mathbf{E}[f(Z^\varepsilon)]\right| \le \varepsilon \sup|f'''|\mathbf{E}[X_t^2]$$

mit einer normalverteilten Zufallsvariablen Z^ε, deren Varianz höchstens gleich $\mathbf{E}[X_t^2]$ ist. Abschließend ergibt sich im Grenzübergang $\varepsilon \to 0$ die Gleichung

$$\mathbf{E}[f(X_t)] = \mathbf{E}[f(Z)]$$

mit einer normalverteilten Zufallsvariablen Z. Also ist auch X_t normalverteilt (wobei wir auch den Grenzfall zulassen, dass die Varianz gleich 0 ist, d. h. Z f.s. einen festen Wert annimmt).

Es bleibt, Erwartungswert und Varianz von $\mathbf{E}[X_t^2]$ zu bestimmen. Aufgrund von Bedingung (ii) ist $\mathbf{Var}[X_t]$ in t eine additive Funktion, d. h., es gilt die Formel $\mathbf{Var}[X_s] + \mathbf{Var}[X_t] = \mathbf{Var}[X_{s+t}]$. Mit $\sigma^2 := \mathbf{Var}[X_1]$ impliziert dies $\mathbf{Var}[X_t] = \sigma^2 t$ für alle rationalen Zahlen $t \ge 0$ und darüber hinaus auch, dass $\mathbf{Var}[X_t]$ in t monoton wächst. Zusammengenommen folgt $\mathbf{Var}[X_t] = \sigma^2 t$ für alle $t \ge 0$.

Der Erwartungswert $\mathbf{E}[X_t]$ ist genauso additiv, was $\mathbf{E}[X_t] = \mu t$ für alle rationalen $t \ge 0$ ergibt, mit $\mu := \mathbf{E}[X_1]$. Um diese Gleichung auf alle $t \ge 0$ auszuweiten, beweisen wir abschließend, dass $\mathbf{E}[X_t]$ eine in t stetige Funktion ist. Dazu betrachten wir den Prozess $X'_t := X_t - \mathbf{E}[X_t]$, der nach dem bisher Bewiesenen unabhängige, $N(0, \sigma^2(t - s))$-verteilte Zuwächse $\Delta X'_{s,t}$ hat. Gilt $\sigma^2 > 0$, so gibt es nach Satz 3.1 eine sBB W, sodass $X'_t = \sigma W_t$ f.s für alle $t \ge 0$ gilt. Für $\sigma^2 = 0$ ist diese Behauptung offenbar ebenfalls richtig. Daher folgt für alle $t \ge 0$

$$\mathbf{E}[X_t] = X_t - \sigma W_t \text{ f.s.}$$

Die rechte Seite der Gleichung hat nach Annahme f.s. stetige Pfade, deswegen ist die linke Seite genauso in t stetig. Wir erhalten also $\mathbf{E}[X_t] = \mu t$ für alle $t \ge 0$. Damit ist alles bewiesen.

□

3.6   Martingale bei Brownschen Bewegungen

Eine Brownschen Bewegung W gibt Anlass für die Betrachtung und Konstruktion verschiedener Martingale. Dazu betrachten wir wieder die zugehörige „natürliche Filtration" $\mathbb{F} = (\mathcal{F}_t)_{t \geq 0}$, gegeben durch

$$\mathcal{F}_t := \sigma(W_s, s \leq t).$$

Eine Familie $(X_t)_{t \geq 0}$ von integrierbaren Zufallsvariablen heißt ein $\mathbb{F}$-Martingal, falls für alle $0 \leq s < t$

$$\mathbf{E}[X_t \mid \mathcal{F}_s] = X_s \text{ f.s.}$$

gilt.

Beispiele
Nach Satz 3.5 (angewandt auf die Stoppzeit $T = s$) ist $\Delta W_{s,t}$ unabhängig von $\mathcal{F}_s$, andererseits ist W_s eine $\mathcal{F}_s$-messbare Zufallsvariable. Damit ergeben sich aus der Zerlegung $W_t = W_s + \Delta W_{s,t}$ verschiedene Martingale.

1. W selbst ist ein Martingal, denn für $s < t$ gilt

$$\mathbf{E}[W_t \mid \mathcal{F}_s] = W_s + \mathbf{E}[\Delta W_{s,t}] = W_s \text{ f.s.}$$

2. Auch $(W_t^2 - t)_{t \geq 0}$ ist ein Martingal, denn für $s < t$ gilt

$$\mathbf{E}[W_t^2 \mid \mathcal{F}_s] = \mathbf{E}[W_s^2 + 2W_s\Delta W_{s,t} + \Delta W_{s,t}^2 \mid \mathcal{F}_s] = W_s^2 + (t - s) \text{ f.s.}$$

3. Für alle $\lambda \in \mathbb{R}$ ist $(e^{\lambda W_t - \frac{1}{2}\lambda^2 t})_{t \geq 0}$ ein Martingal, denn

$$\mathbf{E}[e^{\lambda W_t} \mid \mathcal{F}_s] = e^{\lambda W_s}\mathbf{E}[e^{\lambda \Delta W_{s,t}}] = e^{\lambda W_s}e^{\frac{1}{2}\lambda^2(t-s)} \text{ f.s.}$$

In der letzten Zeile haben wir die Formel (3.5) verwendet.

Um nun auch die Resultate über Martingale nutzen zu können, übertragen wir den Stoppsatz auf Martingale in kontinuierlicher Zeit. Hier begnügen wir uns mit der allereinfachsten Variante.

Satz 3.11 *Sei X ein $\mathbb{F}$-Martingal mit f.s. stetigen Pfaden, und sei T eine $\mathbb{F}^+$-Stoppzeit, die f.s. durch eine Konstante $c > 0$ beschränkt ist. Dann gilt*

$$\mathbf{E}[X_T] = \mathbf{E}[X_0].$$

Beweis Wir führen den Satz auf diskrete Martingale zurück. Ohne Einschränkung ist c eine natürliche Zahl. Wir greifen zurück auf die Stoppzeiten T_m aus (3.4), die dann durch die Konstante $c+1$ beschränkt sind. Da T_m nur endlich viele Werte annimmt, gilt nach Satz 1.7 über das Stoppen von diskreten Martingalen

$$\mathbf{E}[X_{T_m}] = \mathbf{E}[X_0].$$

Da X f.s. stetige Pfade hat, gilt $X_{T_m} \to X_T$ f.s. Weiter gilt nach Satz 1.10

$$X_{T_m} = \mathbf{E}[X_{c+1} \mid \mathcal{F}_{T_m}].$$

Nach Lemma 1.13 folgt, dass X_{T_m} eine uniform integrierbare Folge von Zufallsvariablen ist, was nach Lemma 1.12 dann $\mathbf{E}[X_{T_m}] \to \mathbf{E}[X_T]$ für $m \to \infty$ impliziert. Dies ergibt die Behauptung. $\square$

Beispiel (Treffwahrscheinlichkeiten)
Seien $a, b > 0$. Wir kommen zurück zur Bestimmung der Wahrscheinlichkeit, dass die Treffzeit

$$T_{a,b} := \inf\{t \geq 0 : W_t = a + bt\}$$

endlich ist. Wir benutzen, dass (nach dem vorigen Beispiel mit $\lambda = 2b$)

$$X_t = e^{2b W_t - 2b^2 t}, \, t \geq 0,$$

ein f.s. stetiges Martingal ist. Es folgt für $n \in \mathbb{N}$

$$1 = \mathbf{E}[X_{n \wedge T_{a,b}}] = e^{2ab}\mathbf{P}(T_{a,b} \leq n) + \mathbf{E}[X_n; T_{a,b} > n].$$

Nun gilt nach dem Gesetz der Großen Zahlen $W_n/n \to 0$ f.s. und folglich $X_n \to 0$ f.s. Auch gilt die Ungleichung $X_n \leq e^{2ab}$ auf dem Ereignis $T_{a,b} > n$. Nach dem Satz von der dominierten Konvergenz folgt $\mathbf{E}[X_n; T_{a,b} > n] \to 0$ für $n \to \infty$, und wir erhalten

$$\mathbf{P}(T_{a,b} < \infty) = e^{-2ab}.$$

Die genannten Beispiele ordnen sich in eine große Klasse von Martingalen ein.

Satz 3.12 *Sei $f : \mathbb{R} \to \mathbb{R}$ eine 2-mal stetig differenzierbare Funktion mit beschränkter zweiter Ableitung. Dann ist für eine sBB W*

$$M_t := f(W_t) - \frac{1}{2} \int_0^t f''(W_s)\, ds, \quad t \geq 0,$$

ein $\mathbb{F}$-Martingal mit f.s. stetigen Pfaden.

Die folgende Rechnung macht den Satz plausibel. Für $0 \le t < u$ wählen wir eine äquidistante Partition $t = s_0 < s_1 < \cdots < s_n = u$. Mittels Taylorentwicklungen zweiter Ordnung erhalten wir unter Vernachlässigung der Restterme

$$f(W_u) = f(W_t) + \sum_{i=1}^{n} \left(f(W_{s_i}) - f(W_{s_{i-1}}) \right)$$

$$\approx f(W_t) + \sum_{i=1}^{n} f'(W_{s_{i-1}})\Delta_i + \frac{1}{2} \sum_{i=1}^{n} f''(W_{s_{i-1}})\Delta_i^2$$

mit $\Delta_i := \Delta W_{s_{i-1}, s_i}$. Wegen $\mathbf{E}[f'(W_{s_{i-1}})\Delta_i \mid \mathcal{F}_{s_{i-1}}] = f'(W_{s_{i-1}})\mathbf{E}[\Delta_i] = 0$ f.s. und $\mathbf{E}[f''(W_{s_{i-1}})\Delta_i^2 \mid \mathcal{F}_{s_{i-1}}] = f''(W_{s_{i-1}})\mathbf{E}[\Delta_i] = f''(W_{s_{i-1}})(s_i - s_{i-1})$ f.s. führt dies mit der Turmeigenschaft bedingter Erwartungen zu

$$\mathbf{E}[f(W_u) \mid \mathcal{F}_t] \approx f(W_t) + \frac{1}{2}\mathbf{E}\Big[\sum_{i=1}^{n} f''(W_{s_{i-1}})(s_i - s_{i-1}) \mid \mathcal{F}_t \Big].$$

Der Grenzübergang $n \to \infty$ führt zu

$$\mathbf{E}[f(W_u) \mid \mathcal{F}_t] = f(W_t) + \frac{1}{2}\mathbf{E}\Big[\int_t^u f''(W_s)\,ds \mid \mathcal{F}_t \Big]$$

und damit zu der Behauptung. – Diese Überlegung lässt sich unter Miteinbeziehung der Restglieder zu einem vollwertigen Beweis ausbauen. Der Satz selbst ist ein Spezialfall von Satz 5.5 aus Kap. 5.

Ähnliche Aussagen gelten auch für das mehrdimensionale Analogon der standard Brownschen Bewegung. Seien $W^1, \ldots, W^k$ unabhängige sBB. Dann nennt man

$$W := (W^1, \ldots, W^k)$$

eine k-dimensionale *standard Brownsche Bewegung*.

Eine Funktion $f(t, x) = f(t, x_1, \ldots, x_k)$ von $\mathbb{R}^{k+1}$ in die reellen Zahlen nennen wir hier „glatt", wenn sie in t einmal und in den restlichen k Koordinaten zweimal stetig differenzierbar ist. Dann benutzen wir für $1 \le a, b \le k$ die Schreibweisen

$$\dot{f} = \frac{\partial f}{\partial t}, \quad f_a = \frac{\partial f}{\partial x_a}, \quad f_{ab} = \frac{\partial^2 f}{\partial x_a \partial x_b}, \quad \triangle f := f_{11} + \cdots + f_{kk}.$$

$\triangle$ nennt man *Laplaceoperator* (sein Symbol $\triangle$ darf hier nicht mit dem Symbol Δ für Zuwächse verwechselt werden).

Satz 3.13 *Sei $W = (W^1, \ldots, W^k)$ eine sBB in $\mathbb{R}^k$, und sei $f : \mathbb{R}^{k+1} \to \mathbb{R}$ eine glatte Funktion mit beschränkten Ableitungen. Dann ist*

$$M_t := f(t, W_t) - \int_0^t \left(\dot{f}(s, W_s) + \tfrac{1}{2} \triangle f(s, W_s) \right) ds \, , \, t \geq 0 \, , \tag{3.7}$$

ein Martingal mit f.s. stetigen Pfaden.

Zur Begründung kann man eine Rechnung mit Taylorentwicklungen wie beim letzten Satz durchführen. Der Beweis lässt sich mit Satz 5.5 aus Kap. 5 führen.

Beispiel (Treffwahrscheinlichkeiten von Kugeln)
Sei $a \in \mathbb{R}^k$, $a \neq 0$, und sei X der Prozess $X_t = a + W_t$, $t \geq 0$, mit einer k-dimensionalen sBB W – wir haben also den Startpunkt der Brownschen Bewegung vom Ursprung nach a hin verlagert. Wir fragen nach der Wahrscheinlichkeit, dass X die Sphäre um den Ursprung vom Radius $r \geq 0$ trifft, dass also die Stoppzeit

$$T_r := \inf\{t > 0 : |X_t| = r\}$$

endlich ist. Da diese Wahrscheinlichkeiten im Allgemeinen von a abhängen, benutzen wir (wie auch schon bei Markovketten) a als Index von Wahrscheinlichkeiten und Erwartungswerten.

Falls a innerhalb der Sphäre liegt, d. h., falls $|a| \leq r$ gilt, ist diese Wahrscheinlichkeit gleich 1. Das ist im univariaten Fall $k = 1$ unmittelbar einsichtig und überträgt sich direkt auf den Fall $k \geq 2$.

Sei also $|a| > r$. Wir werden die Wahrscheinlichkeit mit dem Stoppsatz für Martingale bestimmen, (wie auch schon in früheren, verwandten Beispielen). Dazu betrachten wir eine Funktion $f : \mathbb{R}^k \to \mathbb{R}$, gegeben durch

$$f(x_1, \ldots, x_k) = \varphi(|x|) \, ,$$

wobei $\varphi : \mathbb{R} \to \mathbb{R}$ zweimal stetig differenzierbar mit beschränkten Ableitungen ist und die Bedingung

$$\varphi(y) = y^{2-k} \quad \text{für } y > r$$

erfüllt. Eine Rechnung ergibt

$$\triangle f(x) = 0 \quad \text{für } |x| > r \, .$$

Man sagt, $f(x)$ ist *harmonisch* für $|x| > r$. Sei nun $R > |a|$ eine weitere reelle Zahl und

$$T_{r,R} := \inf\{t > 0 : |X_t| = r \text{ oder } |X_t| = R\} = T_r \wedge T_R \, .$$

Dann ist $T_{r,R} \wedge n$ eine beschränkte Stoppzeit. Mit M wie in (3.7) folgt nach dem Stoppsatz für Martingale, Satz 3.11, also $\mathbf{E}_a[M_{T_{r,R} \wedge n}] = 0$, oder anders ausgedrückt

$$f(a) = \mathbf{E}_a\left[f(X_{T_{r,R} \wedge n}) - \frac{1}{2} \int_0^{T_{r,R} \wedge n} \triangle f(X_s) \, ds \right] \, .$$

Für $s < T_{r,R}$ gilt nun $|X_s| > r$ und folglich $\triangle f(X_s) = 0$, sodass sich die letzte Formel zu

$$f(a) = \mathbf{E}_a\big[f(X_{T_{r,R} \wedge n})\big]$$

vereinfacht. Weiter gilt $T_{r,R} \le T_R < \infty$ f.s., und der Grenzübergang $n \to \infty$ führt uns mittels dominierter Konvergenz zu der Aussage

$$f(a) = \mathbf{E}_a\big[f(X_{T_{r,R}})\big] = \varphi(r)\mathbf{P}_a(T_r < T_R) + \varphi(R)\mathbf{P}_a(T_r > T_R).$$

Da außerdem $\mathbf{P}_a(T_r < T_R) + \mathbf{P}_a(T_r > T_R) = 1$ gilt, folgt

$$\mathbf{P}_a(T_r < T_R) = \frac{\varphi(|a|) - \varphi(R)}{\varphi(r) - \varphi(R)},$$

abgesehen vom Fall $k = 2$, in dem f identisch 1 ist. Lassen wir schließlich noch R gegen ∞ gehen, so gilt $\varphi(R^2) \to 0$ für $k \ge 3$, und wir erhalten für $|a| > r$

$$\mathbf{P}_a(T_r < \infty) = \frac{r^{k-2}}{|a|^{k-2}} \quad \text{für } k \ge 3.$$

Dies macht sich auch im Pfadverhalten bemerkbar. Dazu betrachten wir die Ereignisse

$$E_n := \{\text{es gibt ein } t \ge T_{n^3} \text{ mit } |W_t| = n\}.$$

Für $k \ge 3$ gilt dann (unter Beachtung der starken Markoveigenschaft Satz 3.5, die ganz genauso für eine mehrdimensionale sBB gilt)

$$\mathbf{P}_0(E_n) = \mathbf{P}_0(T_{n^3} < \infty) \cdot \mathbf{P}_a(T_n < \infty)$$

mit $|a| = n^3$ und folglich

$$\mathbf{P}_0(E_n) \le n^{-2}.$$

Nach dem Borel-Cantelli-Lemma folgt, dass f.s. nur endlich viele E_n eintreten. Da außerdem $T_{n^3} < \infty$ f.s. für alle n gilt, folgt

$$|W_t| \to \infty \quad \text{f.s.}$$

Man sagt, dass für $k \ge 3$ die sBB *transient* ist.

Im Fall $k = 2$ ergibt sich ein völlig anderes Bild. Hier führt auch

$$\varphi(y) = \log y \quad \text{für } y > r$$

auf eine für $|x| > r$ harmonische Funktion $f(x_1, x_2) := \varphi(|x|)$, wie man leicht nachrechnet. Anders als im höherdimensionalen Fall gilt nun $\varphi(R) \to \infty$ für $R \to \infty$, und wir erhalten für $|a| > r$

$$\mathbf{P}_a(T_r < \infty) = 1 \quad \text{für } k = 2.$$

Dies bedeutet, dass ein Brownscher Pfad in der Ebene jede Kreisscheibe mit Wahrscheinlichkeit 1 trifft, er durchläuft f.s. alle Bereiche. Man sagt, die 2-dimensionale Brownsche Bewegung ist *rekurrent*.

Vollführen wir andererseits erst den Grenzübergang $r \to 0$ bei festem R, so folgt wegen der Konvergenz $\varphi(r) \to -\infty$ die Gleichung $\mathbf{P}_a(T_0 < T_R) = 0$ und mit $R \to \infty$

$$\mathbf{P}_a(X_t = 0 \text{ für mindestens ein } t > 0) = 0 \quad \text{für } k = 2.$$

Dies bedeutet, dass die 2-dimensionale sBB einzelne Punkte der Ebene mit Wahrscheinlichkeit 1 nicht trifft.

3.7   Die Formel von Itô*

Die Martingale der beiden letzten Sätze sind eng verknüpft mit Itô-Integralen und der Itô-Formel. Dies ist für uns ein Anlass, erste Eindrücke von der Stochastischen Analysis zu vermitteln und einige Besonderheiten stochastischer Integrale anzusprechen. Hier ist ein einfaches Beispiel, wie es sich auch am Anfang von Itôs[15] Überlegungen zur Begründung des nach ihm benannten Kalküls findet:

Im Folgenden sei $0 = s_0 < s_1 < \cdots < s_n = t$ die Partition von $[0, t]$ in n Teilintervalle gleicher Länge (s_i hängt auch von n ab, der Übersichtlichkeit halber notieren wir diese Abhängigkeit nicht). Dann gilt für eine standard Brownsche Bewegung, dass für $n \to \infty$ und jedes $t > 0$

(a)
$$\sum_{i=1}^{n} (W_{s_i} - W_{s_{i-1}})(W_{s_i} - W_{s_{i-1}}) \to t \text{ in Wahrscheinlichkeit} ,$$

(b)
$$\sum_{i=1}^{n} (W_{s_i} + W_{s_{i-1}})(W_{s_i} - W_{s_{i-1}}) = W_t^2 .$$

(a) ist die quadratische Variation Brownscher Pfade nach Satz 3.3 und (b) entsteht durch Summation von $W_{s_i}^2 - W_{s_{i-1}}^2 = (W_{s_i} + W_{s_{i-1}})(W_{s_i} - W_{s_{i-1}})$ über n. Subtrahiert man (a) von (b), so ergibt sich

$$\sum_{i=1}^{n} 2W_{s_{i-1}}(W_{s_i} - W_{s_{i-1}}) \to W_t^2 - t \text{ in Wahrscheinlichkeit.}$$

Den Grenzwert der linken Seite bezeichnet man mit Fug und Recht als $\int_0^t 2W_s dW_s$ und spricht vom *Itô-Integral* des Integranden $2W_s$. Wir erhalten also die Gleichung

$$\int_0^t 2W_s \, dW_s = W_t^2 - t \text{ f.s.}$$

Nach Satz 3.12 handelt es sich um ein Martingal.

Stochastische Integrale weisen einige Unterschiede zum gewöhnlichen Riemann-Integral auf. Nun treten die Brownschen Pfade nicht nur als Integranden auf, sondern, wie man sagt, auch als *Integratoren*. Man beachte, dass es jetzt bei der Approximation des Integrals durch Summen à la Riemann sehr wohl auf die Wahl der Zwischenstellen ankommt. Hier ist es der linke Rand des Intervalls ($W_{s_{i-1}}, W_{s_i}$), dies entspricht einem Wetteinsatz auf die Zuwächse ohne Blick in die Zukunft. Der rechte Rand (wie auch die echten Zwischenstellen) wird dagegen beim Itô-Integral nicht herangezogen: Addiert man

---

[15] Kɪʏᴏsʜɪ Iᴛô, *1915 Inabe, †2008 Kyoto. Begründer der Stochastischen Analysis. Nach seinen eigenen Worten strebte er danach, Lévys Intuition und Ideen mit Kolmogorovs präziser Logik zu verbinden.

(a) und (b), so erhalten wir

$$\sum_{i=1}^{n} 2W_{s_i}(W_{s_i} - W_{s_{i-1}}) \to W_t^2 + t \text{ in Wahrscheinlichkeit},$$

eine Formel, die sich nicht mit der Martingaleigenschaft verträgt. So werden die ausgepräg-ten Oszillationen Brownscher Pfade augenscheinlich.

Wir wollen nun auch das stochastische Integral

$$\int_0^t g(W_s)\,dW_s$$

für eine stetig differenzierbare Funktion $g : \mathbb{R} \to \mathbb{R}$ definieren. Dies ist ein wichtiger Spezi-alfall des sehr viel allgemeineren Integrals aus der stochastischen Integrationstheorie, der sich auf elementarem Wege behandeln lässt. Dazu betrachten wir folgende Verallgemeine-rung von Satz 3.3.

Lemma 3.14 *Sei W eine reellwertige sBB, sei $h : \mathbb{R} \to \mathbb{R}$ stetig und seien Z_i, $i \geq 1$, reellwertige Zufallsvariablen, die zwischen $W_{s_{i-1}}$ und W_{s_i} liegen, wieder mit $s_i = s_{in} = it/n$. Dann folgt für $n \to \infty$ in Wahrscheinlichkeit*

$$\sum_{i=1}^{n} h(Z_i)(\Delta W(s_{i-1}, s_i))^2 \to \int_0^t h(W_s)\,ds.$$

Beweis Wir setzen für $s \leq t$

$$V_s := \sum_{i:s_i \leq s} \Delta W(s_{i-1}, s_i)^2, \quad Y_s := \sum_{i=1}^{n} h(Z_i) I_{\{V_{s_{i-1}} \leq s < V_{s_i}\}},$$

so gilt

$$\sum_{i=1}^{n} h(Z_i)\Delta W(s_{i-1}, s_i)^2 = \int_0^{V_t} Y_s\,ds.$$

Nach Satz 3.3 konvergiert V_t für $n \to \infty$ in Wahrscheinlichkeit gegen t. Wegen

$$|Y_s - h(W_s)| \leq \max_{i \leq n} \sup \{|h(W_u) - h(W_v)| : u \in [s_{i-1}, s_i], v \in [V_{s_{i-1}}, V_{s_i}]\}$$

$$\leq \sup \{|h(W_u) - h(W_v)| : u \leq t, |u - v| \leq \sup_{r \leq t}|V_r - r| + \tfrac{1}{n}\}$$

für $s \leq V_t$ reicht es aufgrund der Stetigkeit von h aus zu zeigen, dass $\sup_{r \leq t}|V_r - r|$ in Wahrscheinlichkeit gegen 0 konvergiert.

Seien $0 = t_0 < t_1 < \cdots < t_m = t$. Aufgrund von Monotonie gilt für $u \leq t$

$$|V_s - s| \leq \max_{1 \leq j \leq m} |V_{t_j} - t_j| + \max_{1 \leq j \leq m} (t_j - t_{j-1}) \, .$$

Nach Satz 3.3 konvergiert $\max_{1 \leq j \leq m} |V_{t_j} - t_j|$ in Wahrscheinlichkeit gegen 0. Wählen wir zu vorgegebenem $\varepsilon > 0$ die t_j so, dass $\max_j (t_j - t_{j-1}) \leq \varepsilon/2$, so folgt $\mathbf{P}(\sup_{r \leq t} |V_r - r| > \varepsilon) \to 0$. Dies ergibt die Behauptung. $\square$

Um nun das Integral $\int_0^t g(W_s)\, dW_s$ zu definieren, wählen wir eine Stammfunktion f der stetig differenzierbaren Funktion g und betrachten (ähnlich wie im letzten Abschnitt) die folgende, auf der Taylor-Formel beruhende Gleichung

$$f(W_t) = f(0) + \sum_{i=1}^n f'(W_{s_{i-1}}) \Delta_i + \tfrac{1}{2} \sum_{i=1}^n f''(Z_i) \Delta_i^2$$

mit $\Delta_i = \Delta W(s_{i-1}, s_i)$ und Z_i zwischen $W_{s_{i-1}}$ und W_{s_i}. Da f'' nach Annahme stetig ist, ist nach dem vorigen Lemma die zweite Summe in Wahrscheinlichkeit konvergent, deswegen gilt dasselbe für die erste Summe. Wegen $f' = g$ erhalten wir die Konvergenz von

$$\sum_{i=1}^n g(W_{s_{i-1}})(W_{s_i} - W_{s_{i-1}})$$

in Wahrscheinlichkeit, der Grenzwert wird mit

$$\int_0^t g(W_s)\, dW_s$$

notiert und als Itô-Integral bezeichnet. Gleichzeitig erhalten wir im Grenzübergang für beliebige, zweimal stetig differenzierbare Funktionen f die Gleichung

$$f(W_t) = f(0) + \int_0^t f'(W_s)\, dW_s + \frac{1}{2} \int_0^t f''(W_s)\, ds \quad \text{f.s.} \, ,$$

die man auch in Kurzform als *stochastische Differentialgleichung*

$$df(W) = f'(W)\, dW + \frac{1}{2} f''(W)\, dt$$

notiert. Dies ist die berühmte Formel von Itô. Sie unterscheidet sich von der Kettenregel aus der Analysis, stattdessen kann man sie als eine infinitesimale Taylorentwicklung der Ordnung 2 ansehen. Dies wird noch deutlicher, indem wir mit Paul Lévy

$$(dW)^2 = dt$$

schreiben. Diese die klassische Analysis erweiternde Gleichung bekommt in der Theorie der stochastischen Integration einen wohldefinierten Sinn. In ihr drückt sich das hochgradige Oszillieren Brownscher Pfade aus, auf das wir bereits in Satz 3.3 gestoßen sind.

Die Itô-Formel zeigt, dass es eine Version des stochastischen Integrals gibt, so dass der stochastische Prozess

$$\int_0^t g(W_s)\, dW_s\,,\ t \geq 0\,,$$

f.s. stetige Pfade erhält, der zudem nach Satz 3.12 unter geeigneten Wachstumsbeschränkungen an g ein Martingal ergibt.

Beispiel
Für eine sBB W nennt man $G_t := e^{\sigma W_t - \sigma^2 t/2}$, $t \geq 0$, eine *geometrische Brownsche Bewegung*, sie erfüllt die stochastische Differentialgleichung

$$dG = G\, dW\,.$$

3.8 Aufgaben

1. Zeigen Sie für eine sBB W, dass

$$L := \lambda(t \geq 0 : W_t = 0) = \int_0^\infty I_{\{W_t = 0\}}\, dt\,,$$

(also das Lebesguemaß der Nullstellenmenge von W) f.s. verschwindet.
   Hinweis: Berechnen Sie $\mathbf{E}[L]$.

2. Sei W sBB. Zeigen Sie:

   (i) Sei $c > 0$. Die Wahrscheinlichkeit $\mathbf{P}(|W_t| < ct$ für alle $t > 0)$ ist unabhängig von c.
       Hinweis: Skaleninvarianz.

   (ii) $\mathbf{P}(|W_t| < ct$ für alle $t > 0) = 0$ für $c > 0$.

3. Sei W sBB, $\mathcal{F}_t := \sigma(W_s, s \leq t)$ und $\mathcal{F}_{0+} = \bigcap_{t>0} \mathcal{F}_t$.
   Welche der folgenden Ereignisse gehört zu $\mathcal{F}_{0+}$?

   (i) $\{W_t > \sqrt{t}$ für unendlich viele $t\}$,

   (ii) $\{W_{\frac{1}{n^2}} > \frac{1}{n}$ für unendlich viele $n\}$,

   (iii) $\{W_{t_n} > \sqrt{t_n}$ für eine Folge $t_n \downarrow 0\}$.

4. Sei W eine sBB und $T := \inf\{t > 0 : |W_t| > \sqrt{t}\}$. Zeigen Sie $T = 0$ f.s.
   Hinweis: Betrachten Sie die Ereignisse $E_n := \{|W_{1/2^n} - W_{1/2^{n+1}}| > 2 \cdot 2^{-n/2}\}$ und untersuchen Sie, mit welcher Wahrscheinlichkeit sie unendlich oft eintreten.

5   01-Gesetz von Blumenthal. Zeigen Sie für $E \in \mathcal{F}_{0+}$, dass $\mathbf{P}(E) = 0$ oder $\mathbf{P}(E) = 1$. Bestimmen Sie damit und mithilfe der vorigen Aufgabe

$$\mathbf{P}(W_{t_n} > \sqrt{t_n} \text{ für eine Folge } t_n \downarrow 0) .$$

Hinweis: Starke Markoveigenschaft für die Stoppzeit $T = 0$.

6. Wir wollen zeigen, dass die Pfade einer sBB W f.s. nirgends differenzierbar sind. Sei dazu für $c, u > 0$ und $m \in \mathbb{N}$

$$N_{c,u} := \{ f \in \mathcal{C}[0, \infty) : f \text{ ist in einem } t < u \text{ differenzierbar mit } |f'(t)| < c \}$$

$$B_{c,u,m} := \bigcup_{1 \leq k \leq um} \bigcap_{i=1}^{5} \left\{ f \in \mathcal{C}[0, \infty) : \left| f\left(\frac{k+i}{m}\right) - f\left(\frac{k+i-1}{m}\right) \right| \leq \frac{10c}{m} \right\} .$$

Zeigen Sie:

(i) $N_{c,u} \subset \tilde{N}_{c,u} := \bigcap_{n \geq 1} \bigcup_{m=n}^{\infty} B_{c,u,m}$.

(ii) $\mathbf{P}(W \in B_{c,u,m}) \leq um(10c\,m^{-1/2})^5$.

(iii) $\mathbf{P}(W \in \tilde{N}_{c,u}) = 0$ für alle $c, u > 0$.

7. Sei W eine sBB und $B_t := (1-t) W_{t/(1-t)}, 0 \leq t < 1$. Zeigen Sie, dass $B = (B_t)_{0 \leq t < 1}$ eine Brownsche Brücke ist.
   Hinweis: Vergleichen Sie die Kovarianzfunktionen.

8. Sei $W = (W^1, \ldots, W^k)$ eine sBB mit Werten in $\mathbb{R}^k$ (d. h., die $W^1, \ldots, W^k$ sind unabhängige, reellwertige sBB). Zeigen Sie: Der Erwartungswert von

$$T_r := \inf\{ t \geq 0 : |W| = r \} ,$$

der Treffzeit einer Sphäre um den Ursprung vom Radius r, ist r^2/k.
   Hinweis: Zeigen und benutzen Sie, dass $|W_t|^2 - kt$ ein Martingal ist.

9. Wir wollen zeigen, dass die lokalen Maxima eines Pfades einer sBB W f.s. alle voneinander verschieden sind. Setze $M_{a,b} := \sup_{a < t < b} W_t$ für $0 \leq a < b$.

(i)   Seien $0 \leq a < b < c < d$. Zeigen Sie $M_{a,b} \neq M_{c,d}$ f.s.
   Hinweis: Begründen Sie, dass $W_b - M_{a,b}$, $\Delta W_{b,c}$ und $M_{c,d} - W_c$ unabhängig sind, und beachten Sie, dass $\Delta W_{b,c}$ eine Dichte besitzt.

(ii)   Zeigen Sie, dass $\bigcup_{a,b,c,d \in \mathbb{Q}, a < b < c < d} \{ M_{a,b} \neq M_{c,d} \}$ gerade das Ereignis ist, dass sich alle lokalen Maxima von W unterscheiden, und bestimmen Sie seine Wahrscheinlichkeit.

10. Sei W eine sBB. Beweisen Sie:

(i)   Neben $W_t^2 - t, t \geq 0$, sind auch $W_t^3 - 3t W_t, t \geq 0$, und $W_t^4 - 6t W_t^2 + 3t^2, t \geq 0$, Martingale.

(ii)   Für $a, b > 0$ und $T := \min\{ t \geq 0 : W_t = -a \text{ oder } W_t = b \}$ gilt $\mathbf{E}[T] = ab$ und $\mathbf{E}[T^2] = \frac{5}{3} ab(a^3 + b^3)/(a+b)$.

11 Ornstein-Uhlenbeck-Prozess. Wir betrachten für $a \in \mathbb{R}$ eine sBB W die stochastische Differentialgleichung

$$dY_t = -Y_t\, dt + 2\, dW_t, \quad t \geq 0, \quad Y_0 = a$$

oder – gleichbedeutend damit – die stochastische Integralgleichung

$$Y_t = a - \int_0^t Y_s\, ds + 2\, W_t, \quad t \geq 0$$

(i) Begründen Sie, warum diese gelöst wird durch den gaußschen Prozess

$$Y_t := ae^{-t} - 2\int_0^t e^{-(t-s)} B_s\, ds + 2W_t, \quad t \geq 0.$$

(ii) Wir betrachten jetzt einen zufälligen Startwert A, unabhängig von W. Wie ist dessen Verteilung zu wählen, damit Y_t so verteilt ist wie Y_0? (Hinweis: Wenden Sie die Itô-Formel auf Y^2 an.)

Poisson- und Lévyprozesse

4

Die Brownsche Bewegung ist nicht der einzige stochastische Prozess mit unabhängigen, stationären Zuwächsen. In diesem Kapitel werden wir eine ganze Klasse weiterer Prozesse mit dieser Eigenschaft kennenlernen. Der Unterschied liegt im Verhalten der Pfade. Bei der Brownschen Bewegung sind sie f.s. stetig, nun entstehen die Pfade aus ihren Sprüngen. Das abschließende Resultat dieses Kapitels, die Lévy-Itô-Darstellung, besagt, dass mit diesen beiden Möglichkeiten alle Prozesse mit unabhängigen, stationären Zuwächsen erfasst sind. In diesem Sinne hat man es mit komplementären Formen des Zufalls zu tun, wie sich dies auch schon in den beiden aus der Elementaren Stochastik bekannten Grenzverteilungen der Binomialverteilung manifestiert, in der Normal- und der Poissonverteilung[1].

Ein Baustein ist das Konzept der Punktprozesse; diese sind auch von eigenständigem Interesse und haben vielfache Anwendungen.

4.1 Poissonprozesse auf der reellen Achse

Wir betrachten zunächst homogene Poissonprozesse auf $\mathbb{R}_+$, mit Rate $\lambda > 0$. Man kann sie sich als zufällige, diskrete, unendliche Teilmengen von Punkten in $[0, \infty)$ vorstellen.

Eine Möglichkeit ist es, die Punkte mit reellwertigen Zufallsvariablen

$$0 < T_1 < T_2 < \cdots$$

darzustellen. Bei Anwendungen denkt man oft an Zeitpunkte (Schadensfälle in der Versicherungswirtschaft, Ankunft von Kunden in einer Warteschlange, das Klicken eines Gei-

---

[1] Siméon Denis Poisson, *1781 Pithiviers, †1840 Paris. Fruchtbarer und einflussreicher Mathematiker und Physiker, der u. a. über Potentialtheorie, Wahrscheinlichkeitstheorie, Variationsrechnung, Elektromagnetismus und Mechanik arbeitete.

G. Kersting, A. Wakolbinger, *Stochastische Prozesse*, Mathematik Kompakt, DOI 10.1007/978-3-7643-8433-3_4, © Springer Basel 2014

gerzählers beim Messen des radioaktiven Zerfalls, ...). Die Zufallsvariablen

$$V_i = T_i - T_{i-1}, \quad i \geq 1,$$

(mit der Konvention $T_0 = 0$) sind die *Zwischenankunftszeiten*.

Alternativ benutzt man die Darstellung mithilfe eines stochastischen Prozesses $N = (N_t)_{t \geq 0}$, wobei N_t angibt, wieviele Punkte in $(0, t]$ liegen, also

$$N_t = \#\{i \geq 1 : T_i \leq t\} \quad \text{und} \quad T_i = \inf\{t > 0 : N_t \geq i\} \tag{4.1}$$

sowie

$$N_{T_i} = i.$$

N ist ein stochastischer Prozess mit Werten in $\mathbb{N}_0$ mit $N_0 = 0$, dessen Pfade konstant sind bis auf Sprünge der Größe 1, dazu rechtsstetig. Einen Prozess mit diesen Eigenschaften nennen wir einen *Zählprozess*.

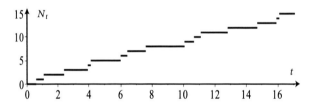

Wir setzen wieder

$$\Delta N_{s,t} = N_t - N_s, \quad 0 \leq s \leq t,$$

hier also

$$\Delta N_{s,t} = \#\{i \geq 1 : s < T_i \leq t\}.$$

In heuristischer Betrachtung werden bei einem Poissonprozess der Rate λ die Punkte nach folgendem Rezept auf $\mathbb{R}_+$ verteilt: In jedes Intervall der infinitesimalen Länge du wird mit infinitesimaler Wahrscheinlichkeit $\lambda\,du$ ein Punkt platziert, dies von Intervall zu Intervall unabhängig. Dann sind auch die Anzahlen von Punkten in disjunkten, endlichen Zeitintervallen voneinander unabhängig. Aus dieser Vorstellung lassen sich die Eigenschaften eines Poissonprozesses auf heuristische Weise recht zwanglos gewinnen:

Die Wahrscheinlichkeit, dass das infinitesimale Intervall $(u, u + du)$ *keinen* Punkt enthält, ist $1 - \lambda\,du = e^{-\lambda\,du}$. Folglich ist die Wahrscheinlichkeit, dass im Intervall $(s, t]$ kein Punkt liegt, aufgrund von Unabhängigkeit für $0 \leq s < t$

$$\mathbf{P}(\Delta N_{s,t} = 0) = \prod_{s < u \leq t} \mathbf{P}(\Delta N_{u,u+du} = 0) = \prod_{s < u \leq t} e^{-\lambda\,du} = \exp\left(-\lambda \sum_{s < u \leq t} du\right)$$

und schließlich

$$\mathbf{P}(\Delta N_{s,t} = 0) = e^{-\lambda(t-s)}\ .$$

Damit berechnen wir nun die Verteilung von ΔN_t. Wegen Unabhängigkeit gilt für $0 < t_1 < \cdots < t_n \le t$

$$\mathbf{P}\big(T_1 \in (t_1, t_1 + dt_1), \ldots, T_n \in (t_n, t_n + dt_n), T_{n+1} > t\big)$$
$$= \mathbf{P}\big(\Delta N_{0,t_1} = 0, \Delta N_{t_1, t_1 + dt_1} = 1, \ldots, \Delta N_{t_n, t_n + dt_n} = 1, \Delta N_{t_n + dt_n, t} = 0\big)$$
$$= e^{-\lambda t_1} \lambda \, dt_1 \cdots \lambda \, dt_n e^{-\lambda(t-t_n)}$$
$$= \lambda^n e^{-\lambda t} \, dt_1 \cdots dt_n \ ,$$

und es folgt

$$\mathbf{P}(N_t = n) = \int \cdots \int_{0 < t_1 < \cdots < t_n \le t} \mathbf{P}\big(T_1 \in (t_1, t_1 + dt_1), \ldots, T_n \in (t_n, t_n + dt_n), T_{n+1} > t\big)$$
$$= \lambda^n e^{-\lambda t} \int \cdots \int_{0 < t_1 < \cdots < t_n \le t} dt_1 \cdots dt_n = \frac{\lambda^n e^{-\lambda t}}{n!} \int \cdots \int_{0 < t_1, \ldots, t_n \le t} dt_1 \cdots dt_n \ ,$$

denn die Punkte $t_1 < \cdots < t_n$ lassen sich auf $n!$ Weisen permutieren. Das letzte Integral ist das Volumen eines n-dimensionalen Würfels der Kantenlänge t, daher erhalten wir

$$\mathbf{P}(N_t = n) = e^{-\lambda t} \frac{(\lambda t)^n}{n!}\ .$$

Wir sehen, dass N_t poissonverteilt mit Parameter λt ist. Eine ähnliche Rechnung zeigt, dass $\Delta N_{s,t}$ $\mathrm{Pois}(\lambda(t-s))$-verteilt ist.

Für die Zwischenankunftszeiten ergibt sich aus obiger Rechnung, mit $v_1, \ldots, v_n > 0$, $t_i = v_1 + \cdots + v_i$ und $t = t_n$,

$$\mathbf{P}\big(V_1 \in (v_1, v_1 + dv_1), \ldots, V_n \in (v_n, v_n + dv_n)\big)$$
$$= \mathbf{P}\big(T_1 \in (t_1, t_1 + dv_1), \ldots, T_n \in (t_n, t_n + dv_n), T_{n+1} > t_n\big)$$
$$= \lambda^n e^{-\lambda t_n} \, dv_1 \cdots dv_n$$
$$= \lambda e^{-\lambda v_1} \, dv_1 \cdots \lambda e^{-\lambda v_n} \, dv_n \ .$$

Dies bedeutet, dass $V_1, V_2, \ldots$ unabhängige $\mathrm{Exp}(\lambda)$-verteilte Zufallsvariable sind.

Die Dichte von T_n ergibt sich als

$$\mathbf{P}\big(T_n \in (t_n, t_n + dt_n)\big)$$
$$= \int \cdots \int_{0 < t_1 < \cdots < t_{n-1} < t_n} \mathbf{P}\big(T_1 \in (t_1, t_1 + dt_1), \ldots, T_n \in (t_n, t_n + dt_n), T_{n+1} > t_n\big)$$
$$= \lambda^n e^{-\lambda t_n} \, dt_n \int \cdots \int_{0 < t_1 < \cdots < t_{n-1} < t_n} dt_1 \cdots dt_{n-1}$$

bzw.

$$\mathbf{P}(T_n \in dt) = \lambda e^{-\lambda t} \frac{(\lambda t)^{n-1}}{(n-1)!} \, dt \, . \tag{4.2}$$

Schließlich ergeben unsere Rechnungen für

$$\mathbf{P}(T_1 \in (t_1, t_1 + dt_1), \dots, T_n \in (t_n, t_n + dt_n) \mid N_t = n)$$
$$= \frac{\mathbf{P}(T_1 \in (t_1, t_1 + dt_1), \dots, T_n \in (t_n, t_n + dt_n), T_{n+1} > t)}{\mathbf{P}(N_t = n)}$$

den Ausdruck

$$\mathbf{P}(T_1 \in (t_1, t_1 + dt_1), \dots, T_n \in (t_n, t_n + dt_n) \mid N_t = n) = \frac{n!}{t^n} \, dt_1 \cdots dt_n \, .$$

Dies heißt, dass der zufällige Vektor $(T_1, \dots, T_n)$, gegeben das Ereignis $N_t = n$, uniform auf dem Simplex $\{(t_1, \dots, t_n) \in \mathbb{R}^n : 0 < t_1 < \cdots < t_n \le t\}$ verteilt ist. Daraus ergibt sich die folgende zweistufige Konstruktion von $T_1, \dots, T_{N_t}$:

- Wähle N_t Poisson(λt)-verteilt.
- Gegeben $N_t = n$ wähle $Y_1, \dots, Y_n$ unabhängig und uniform verteilt auf $[0, t]$ und setze $T_1, \dots, T_n$ als die aufsteigend geordneten $Y_1, \dots, Y_n$.

Dieser Zugang zu Poissonprozessen wird im nächsten Abschnitt in den Vordergrund treten.
Die geschilderte infinitesimale Betrachtungsweise lässt sich mittels Integrationstheorie vollständig legitimieren. Wir schlagen aber einen alternativen Weg ein und charakterisieren homogene Poissonprozesse auf zweierlei Weise. Die Beweise führen wir nun durch Diskretisieren.

Satz 4.1 *Seien $0 < T_1 < T_2 < \cdots$ Zufallsvariablen und N ein Zählprozess, die gemäß (4.1) miteinander in Beziehung stehen. Sei weiter $\lambda > 0$. Dann ist Folgendes äquivalent:*

(i) *Für $0 \le t_1 < t_2 < \cdots < t_n$ sind $\Delta N_{t_1, t_2}, \dots, \Delta N_{t_{n-1}, t_n}$ unabhängige Zufallsvariablen, und für $0 \le s < t$ gilt*

$$\Delta N_{s,t} \overset{d}{=} ph \, Pois(\lambda(t-s)) \, ,$$

(ii) *$V_1, V_2, \dots$ sind unabhängige, $Exp(\lambda)$-verteilte Zufallsvariablen.*

Der so charakterisierte Prozess N heißt *Poissonprozess mit Sprungrate* λ.

Beweis (i) $\Rightarrow$ (ii): Sei $\delta > 0$. Wir setzen für $k \geq 1$

$$Z_k = Z_{k,\delta} := \begin{cases} 1, & \text{falls } \Delta N_{(k-1)\delta,k\delta} \geq 1, \\ 0 & \text{sonst}. \end{cases}$$

Dann ist $(Z_1, Z_2, \dots)$ ein p_δ-Münzwurf mit $p_\delta = \mathbf{P}(N_\delta \geq 1) = 1 - e^{-\lambda\delta}$. Sind $0 = T'_0 < T'_1 < T'_2 < \cdots$ die Zeitpunkte der Erfolge in diesem Münzwurf und

$$V'_i := T'_i - T'_{i-1}$$

die Wartezeiten zwischen den Erfolgen, so sind $V'_1, V'_2, \dots$ unabhängige, geometrisch verteilte Zufallsvariablen zum Parameter p_δ. Offenbar gilt $\delta V'_i \to V_i$ f.s. für $\delta \to 0$ sowie $p_\delta \sim \lambda\delta$. Wegen der Exponentialapproximation von geometrischen Verteilungen sind somit im Grenzwert die $V_1, V_2, \dots$ unabhängige, $\mathrm{Exp}(\lambda)$-verteilte Zufallsvariablen.

(ii) $\Rightarrow$ (i): Setze nun für $\delta > 0$, $i \geq 1$

$$V'_i := m, \quad \text{falls } \delta(m-1) \leq V_i < \delta m, \ m \in \mathbb{N}.$$

Dies sind unabhängige, geometrisch verteilte Zufallsvariablen zur Erfolgswahrscheinlichkeit $p_\delta = 1 - e^{-\lambda\delta}$, deswegen ist durch

$$Z_k = Z_{k,\delta} := \begin{cases} 1, & \text{falls } k = V'_1 + \cdots + V'_n \text{ für ein } n \geq 1, \\ 0 & \text{sonst} \end{cases}$$

ein Münzwurf $(Z_1, Z_2, \dots)$ gegeben. Dann sind die Zufallsvariablen

$$\Delta'_j := \#\{k \geq 1 : t_{j-1} < \delta k \leq t_j, Z_k = 1\}$$

unabhängige, $\mathrm{Bin}(p_\delta, n_j)$-verteilte Zufallsvariablen mit $n_j = \lfloor t_j/\delta \rfloor - \lfloor t_{j-1}/\delta \rfloor$.

Der Grenzübergang $\delta \to 0$ führt erneut zu der Behauptung: Es ergibt sich $\delta V'_i \to V_i$ und $\Delta'_j \to \Delta N_{t_{j-1}, t_j}$ f.s. Außerdem gilt $p_\delta n_j \to \lambda(t_j - t_{j-1})$, sodass die Poissonapproximation von Binomialverteilungen zum Zuge kommt. $\square$

Die zu Beginn des Abschnitts durch eine infinitesimale Betrachtungsweise gefundenen Eigenschaften lassen sich erneut gewinnen. So gilt

$$\mathbf{P}(T_n \leq t) = \mathbf{P}(N_t \geq n) = 1 - \sum_{i=0}^{n-1} e^{-\lambda t} \frac{(\lambda t)^i}{i!}.$$

Beim Differenzieren nach t entsteht eine Teleskopsumme, und wir erhalten wieder (4.2).

Wir betrachten nun auch den *homogenen Poissonprozess auf der gesamten reellen Achse*. Dabei achten wir darauf, dass die Bedingung (i) aus Satz 4.1 nun auf ganz $\mathbb{R}$ gültig ist. Es liegt nahe, den Prozess aus zwei unabhängigen Poissonprozessen N' und N'' mit Punkten $0 < T_1' < T_2' < \cdots$ und $0 < T_1'' < T_2'' < \cdots$ zusammenzusetzen. Seine Punkte sind nun

$$\cdots T_{-2} < T_{-1} < T_1 < T_2 < \cdots$$

mit $T_n := T_n'$ und $T_{-n} = -T_n''$, $n \geq 1$, und sein Zählprozess N ist gegeben durch

$$N_0 := 0 \text{ und } N_t := N_t', \quad N_{-t} := -N_{t-}''$$

für $t > 0$. Dabei benutzen wir die linksseitigen Limiten $N_{t-}'' = \lim_{s\uparrow t} N_s''$, damit N auch im negativen Bereich von $\mathbb{R}$ rechtsstetige Pfade hat. Wieder gilt

$$\Delta N_{s,t} = \#\{n : s < T_n \leq t\}, \quad -\infty < s < t < \infty.$$

Es sind dann tatsächlich die Bedingungen (i) des Satzes erfüllt, denn auch für $s < 0 < t$ ist

$$\Delta N_{s,t} = \Delta N_{0,t}' + \Delta N_{0,-s}'' \text{ f.s.}$$

als Summe unabhängiger poissonscher Zufallsvariabler Pois($\lambda(t - s)$)-verteilt.

   Der Poissonprozess auf $\mathbb{R}$ ist also in der Tat homogen, er verändert seine Eigenschaften nicht, wenn man die Punkte gemeinsam (bzw. den Nullpunkt in $\mathbb{R}$) um einen bestimmten Wert verschiebt. Nur auf den ersten Blick widerspricht dem die folgende Beobachtung: Der Abstand zwischen den Punkten T_n und T_{n-1} ist für alle $n = 2, 3, \dots$ und $n = -1, -2, \dots$ Exp(λ)-verteilt, jedoch gilt dies nicht für das Zeitintervall zwischen T_{-1} und T_1, das den Nullpunkt überdeckt. Dessen Länge $T_1 - T_{-1}$ ist die Summe von zwei unabhängigen, exponentialverteilten Zufallsvariablen und damit wie T_2 verteilt. Nach (4.2) folgt

$$\mathbf{P}(T_1 - T_{-1} \in dt) = \lambda^2 t e^{-\lambda t}\, dt.$$

Dies ist die *größenverzerrte* exponentielle Dichte, was den Sachverhalt aufklärt, dem wir auch schon bei den Erneuerungsketten in Abschn. 2.5 begegnet sind: Große Zeitintervalle haben eine erhöhte Chance, dass sie die Null überdecken. Das gilt genauso für jeden anderen Punkt $x \in \mathbb{R}$: Liegt x zwischen den Punkten T_x^- und T_x^+, also

$$T_x^- := \max\{n \in \mathbb{Z} \smallsetminus \{0\} : T_n < x\} \quad \text{und} \quad T_x^+ := \min\{n \in \mathbb{Z} \smallsetminus \{0\} : T_n > x\},$$

so ist auch $T_x^+ - T_x^-$ größenverzerrt exponentialverteilt.

4.2 Poissonsche Punktprozesse

Ein Punktprozess in einem metrischen Raum S mit Borel-σ-Algebra $\mathcal{B}$ ist anschaulich gesprochen eine Ansammlung von zufällig positionierten Punkten $Y_1, Y_2, \dots$ in S. Sie ist endlich oder abzählbar unendlich, auch die Gesamtanzahl N der Punkte kann zufällig sein.

Die Beschreibung mit S-wertigen Zufallsvariablen $Y_1, Y_2, \ldots$ ist jedoch nicht völlig zufriedenstellend, weil es bei einem Punktprozess auf die Reihenfolge der Punkte nicht ankommt. Deswegen arbeitet man lieber mit einer Familie $\Pi = (\Pi_B)_{B \in \mathcal{B}}$, wobei die Zufallsvariable

$$\Pi_B = \#\{i \leq N : Y_i \in B\}$$

die Anzahl der Punkte in der Borelmenge $B \subset S$ angibt. Offenbar gilt für disjunkte Borelmengen $B_1, B_2, \ldots$

$$\Pi_{B_1 \cup B_2 \cup \cdots} = \Pi_{B_1} + \Pi_{B_2} + \cdots,$$

Π hat also die Eigenschaften eines Maßes, man spricht von einem *Zählmaß*. Man nennt Π einen *Punktprozess auf* S und schreibt ihn als Summe von Diracmaßen

$$\Pi = \sum_{i=1}^{N} \delta_{Y_i} \ .$$

Für eine messbare Funktion $f : S \to \mathbb{R}_+$ folgt

$$\int f \, d\Pi = \sum_{i=1}^{N} f(Y_i) \ .$$

Es ist übrigens nicht ausgeschlossen, dass eine Stelle $y \in S$ durch das zufällige Zählmaß Π mehrfach besetzt ist; das Ereignis $\{\Pi(\{y\}) > 1\}$ kann positive Wahrscheinlichkeit haben.

Das *Intensitätsmaß* ν_Π von Π ist definiert als

$$\nu(B) = \nu_\Pi(B) := \mathbf{E}[\Pi_B] \,, \qquad B \in \mathcal{B} \,,$$

es ist ein ganz gewöhnliches Maß.

Für das Weitere ist die folgende Konstruktion fundamental. Sei ν ein Maß auf S, von dem wir zunächst annehmen, dass es endlich ist, also $\nu(S) < \infty$ gilt. Dann ist $\rho = \nu/\nu(S)$ ein Wahrscheinlichkeitsmaß. Wir wählen nun $Y_1, Y_2, \ldots$ als unabhängige Kopien einer S-wertigen Zufallsvariablen Y mit Verteilung ρ und N als eine davon unabhängige, Pois$(\nu(S))$-verteilte Zufallsvariable. Dann folgt

$$\mathbf{E}[\Pi_B] = \mathbf{E}[N]\mathbf{P}(Y \in B) = \nu(S)\rho(B) = \nu(B) \,,$$

Π hat also das Intensitätsmaß ν.

Seien weiter $B_1, \ldots, B_k \in \mathcal{B}$ die Elemente einer Partition von S (also disjunkt und S ausschöpfend). Dann gilt für $n_1, \ldots, n_k \in \mathbb{N}_0$ mit $n = n_1 + \cdots + n_k$

$$\mathbf{P}(\Pi_{B_1} = n_1, \ldots, \Pi_{B_k} = n_k)$$
$$= \mathbf{P}\Big(N = n, \#\{i \leq n : Y_i \in B_1\} = n_1, \ldots, \#\{i \leq n : Y_i \in B_k\} = n_k\Big)$$
$$= e^{-\nu(S)} \frac{\nu(S)^n}{n!} \binom{n}{n_1, \cdots, n_k} \Big(\frac{\nu(B_1)}{\nu(S)}\Big)^{n_1} \cdots \Big(\frac{\nu(B_k)}{\nu(S)}\Big)^{n_k}$$

und schließlich wegen $v(S) = v(B_1) + \cdots + v(B_k)$

$$\mathbf{P}\big(\Pi_{B_1} = n_1, \ldots, \Pi_{B_k} = n_k\big) = e^{-v(B_1)} \frac{v(B_1)^{n_1}}{n_1!} \cdots e^{-v(B_k)} \frac{v(B_k)^{n_k}}{n_k!}.$$

Es sind also $\Pi_{B_1}, \ldots, \Pi_{B_k}$ unabhängige, poissonverteilte Zufallsvariablen.

Diese Konstruktion lässt sich ausbauen. Das Maß v heißt σ-endlich, falls es eine unendliche Partition $S_1, S_2, \ldots$ von Borelmengen des Raumes S gibt, sodass $v(S_j) < \infty$ für alle $j \in \mathbb{N}$ gilt. Dann erhält man mit obiger Konstruktion zunächst für jedes j einen Punktprozess

$$\Pi_j = \sum_{l=1}^{N_j} \delta_{Y_{ij}},$$

der Punkte nur in S_j platziert, gemäß dem Intensitätsmaß $v_j(B) := v(B \cap S_j)$. Geschieht dies unabhängig unter den verschiedenen $j \in \mathbb{N}$, so erbt

$$\Pi = \sum_{j \geq 1} \Pi_j = \sum_{j \geq 1} \sum_{i=1}^{N_j} \delta_{Y_{ij}}$$

die eben abgeleiteten Eigenschaften: v ist das Intensitätsmaß von Π und für disjunkte $B_1, \ldots, B_k$ mit $v(B_1), \ldots, v(B_k) < \infty$ sind $\Pi_{B_1}, \ldots, \Pi_{B_k}$ unabhängige, poissonverteilte Zufallsvariable.

Dies führt uns zu folgender Definition.

Definition

Ein Punktprozess Π auf S heißt ein *Poissonscher Punktprozess* (PPP), falls er ein σ-endliches Intensitätsmaß v hat und falls für disjunkte Borelmengen $B_1, \ldots, B_k \subset S$ mit endlicher Intensität $v(B_1), \ldots, v(B_k)$ die Zufallsvariablen $\Pi_{B_1}, \ldots, \Pi_{B_k}$ unabhängig und poissonverteilt zu den Parametern $v(B_1), \ldots, v(B_k)$ sind.

Die Definition nimmt keinen Bezug mehr auf die vorausgegangene Konstruktion. Auch ist aus dem Zählmaß $\Pi = \sum_{i=1}^{N} \delta_{Y_i}$ nicht zu erschließen, in welcher Reihenfolge (wenn überhaupt) die Punkte $Y_1, Y_2, \ldots$ aufgezählt sind. Dabei muss man beachten, dass eine Unabhängigkeitseigenschaft der Y_i, wie wir sie in unserer Konstruktion getroffen haben, bei Umordnung der Punkte verloren gehen kann (man denke etwa an Fälle, bei denen man die Punkte der Größe nach anordnen kann).

Deswegen betrachtet man für einen Punktprozess Π auch nur solche Eigenschaften bzw. Funktionale, die sich direkt aus Π erschließen und nicht von irgendeiner Reihenfolge der Punkte abhängig sind. Unter anderem hat das den Vorteil, dass man diese Reihenfolge so wählen kann, wie es einem günstig erscheint. Insbesondere darf man bei der Untersuchung von Poissonschen Punktprozessen immer auf die oben beschriebene Konstruktion mit unabhängigen $Y_1, Y_2, \ldots$ zurückgreifen. Davon werden wir in den folgenden Beweisen Gebrauch machen.

Wir betrachten nun zwei grundlegende Eigenschaften von Poissonschen Punktprozessen. Die erste erschließt sich unmittelbar aus der Definition.

Lemma 4.2 *Sei* $\Pi = \sum_{i\geq 1} \delta_{Y_i}$ *ein PPP auf* S *mit Intensitätsmaß* v, *und seien* $S_1, \ldots, S_k$ *disjunkte borelsche Teilmengen von* S. *Dann sind die Punktprozesse*

$$\Pi_j := \sum_{i\geq 1: Y_i \in S_j} \delta_{Y_i}, \quad j = 1, \ldots, k,$$

unabhängige PPP auf S_j *mit Intensitätsmaßen* $v_j(B) = v(B)$, $B \subset S_j$.

Als Nächstes „färben" wir die Punkte eines Poissonschen Punktprozesses $\Pi = \sum_{i\geq 1} \delta_{Y_i}$. Mit dem Färben eines Punktes Y in S meint man das Folgende: Es wird eine weitere Zufallsvariable Z (die „Farbe" von Y) mit Werten in einem Raum F erzeugt. Im einfachsten Fall ist Z von Y unabhängig, mit einer Verteilung κ auf F. Man kann aber auch allgemeiner die (bedingte) Verteilung von Z davon abhängig machen, welchen Wert Y annimmt, sodass

$$\mathbf{P}(Y \in da, Z \in db) = \mathbf{P}(Y \in da)\kappa_a(db)$$

gilt, mit einem *stochastischen Kern* $\kappa = (\kappa_a)_{a\in S}$ von S nach F. (Dies bedeutet, dass κ_a für alle $a \in S$ ein W-Maß ist und dass die Abbildungen $a \mapsto \kappa_a(B)$ für alle messbare Mengen $B \subset F$ messbar sind.) Wir sprechen dann kurz vom *Färben von* Y *mit* Z *mithilfe des Kerns* κ.

Satz 4.3 *Sei* $\Pi = \sum_{i\geq 1} \delta_{Y_i}$ *ein PPP auf* S *mit Intensitätsmaß* $v(da)$, *und sei* $(\kappa_a)_{a\in S}$ *ein stochastischer Kern. Färbt man dann alle* Y_i *mit* Z_i, *unabhängig voneinander und mithilfe von* κ, *so ist*

$$\Pi' = \sum_{i\geq 1} \delta_{Y_i'} \quad \text{mit } Y_i' := (Y_i, Z_i)$$

ein PPP auf $S' := S \times F$ *mit Intensitätsmaß* $v'(da, db) = v(da)\kappa_a(db)$.

Beweis Es reicht aus, den Fall $v(S) < \infty$ zu betrachten. Ohne Einschränkung der Allgemeinheit dürfen wir annehmen, dass die Y_i, $i \leq N$, unabhängige Zufallsvariablen sind, mit Verteilung $\rho(da) = v(da)/v(S)$. Das unabhängige Einfärben der Punkte bewirkt, dass die Paare (Y_i, Z_i), $i \leq N$, unabhängig voneinander und auch unabhängig von N sind, mit

Verteilung

$$\mathbf{P}(Y_i \in da, Z_i \in db) = \rho(da)\kappa_a(db).$$

Aus unserem Konstruktionsverfahren erkennen wir nun, dass Π' ein PPP ist mit Intensitätsmaß $v'(da, db) = v(S)\rho(da)\kappa_a(bd)$. Dies ergibt die Behauptung. □

Beispiel (Ausdünnen eines PPP)
Dies ist ein Spezialfall des Einfärbens mit zwei Farben, also $F = \{1, 2\}$: Falls Y den Wert a annimmt, bekommt der Punkt Y mit Wahrscheinlichkeit $p(a)$ die Farbe $Z = 1$ und mit Wahrscheinlichkeit $1 - p(a)$ die Farbe $Z = 2$. Wieder entsteht ein PPP $\Pi' = \sum_{i=1}^{N} \delta_{(Y_i, Z_i)}$. Durch Einschränkung auf $S_1 = S \times \{1\}$ bzw. $S_2 = S \times \{2\}$ erhält man auf S die beiden „ausgedünnten" PPP

$$\Pi_1 = \sum_{i \geq 1: Z_i = 1} \delta_{Y_i} \quad \text{und} \quad \Pi_2 = \sum_{i \geq 1: Z_i = 2} \delta_{Y_i}.$$

Nach Lemma 4.2 sind dies unabhängige PPP.

In den Aufgaben finden sich weitere wichtige Eigenschaften von PPP.

Abschließend betrachten wir noch die Zufallsvariable $\int f \, d\Pi$ für borelmessbares, v-integrierbares $f : S \to \mathbb{R}_+$. Für einen PPP Π mit Intensitätsmaß v gilt

$$\mathbf{E}\Big[\int f \, d\Pi\Big] = \int f \, dv, \quad \mathbf{Var}\Big[\int f \, d\Pi\Big] = \int f^2 \, dv.$$

Im Fall $v(S) < \infty$ erhält man nämlich wegen $\mathbf{E}[N] = \mathbf{Var}[N] = v(S)$ und den aus der Elementaren Stochastik bekannten Zerlegungsformeln für Erwartungswert und Varianz (indem wir wieder mit den unabhängigen Y_i rechnen)

$$\mathbf{E}\Big[\sum_{i=1}^{N} f(Y_i)\Big] = \mathbf{E}[N]\mathbf{E}[f(Y)] = v(S)\int f \, d\rho = \int f \, dv \tag{4.3}$$

und

$$\mathbf{Var}\Big[\sum_{i=1}^{N} f(Y_i)\Big] = \mathbf{E}[N]\mathbf{Var}[f(Y)] + \mathbf{Var}[N]\mathbf{E}[f(Y)]^2 = \mathbf{E}[N]\mathbf{E}[f^2(Y)] = \int f^2 \, dv. \tag{4.4}$$

Die Formel $\mathbf{E}[\int f \, d\Pi] = \int f \, dv$ gilt übrigens für beliebige Punktprozesse.

▶ **Bemerkung** Infinitesimal gesehen lassen sich diese Formeln wie folgt verstehen:

$$\mathbf{E}\Big[\int f(y)\,\Pi(dy)\Big] = \int \mathbf{E}[f(y)\,\Pi(dy)] = \int f(y)\,\mathbf{E}[\Pi(dy)] = \int f(y)\,v(dy)$$

und aufgrund von Unabhängigkeit und Poissonverteilung

$$\mathbf{Var}\Big[\int f(y)\,\Pi(dy)\Big] = \int \mathbf{Var}[f(y)\,\Pi(dy)] = \int f(y)^2 \mathbf{Var}[\Pi(dy)] = \int f^2(y)\,v(dy).$$

Oft benutzt man für einen PPP Π auch die Formel

$$\mathbf{E}\Big[e^{-\int f\,d\Pi}\Big] = \exp\Big(\int (e^{-f} - 1)\,dv\Big).\tag{4.5}$$

Im Fall $v(S) < \infty$ folgt sie aus der Rechnung

$$\begin{aligned}
\mathbf{E}\Big[e^{-\sum_{i=1}^N f(Y_i)}\Big] &= \sum_{n=1}^\infty \mathbf{E}\Big[\prod_{i=1}^n e^{-f(Y_i)}\Big]\mathbf{P}(N=n)\\
&= \sum_{n=1}^\infty \mathbf{E}[e^{-f(Y)}]^n\, e^{-v(S)}\frac{v(S)^n}{n!}\\
&= \exp\big(v(S)(\mathbf{E}[e^{-f(Y)}] - 1)\big).
\end{aligned}$$

Homogene Poissonprozesse auf $\mathbb{R}_+$ stehen nach Satz 4.1 in eineindeutiger Beziehung zu bestimmten Poissonschen Punktprozessen auf $\mathbb{R}_+$. Dieser Zusammenhang ist auch nützlich, um Eigenschaften von exponentialverteilten Zufallsvariablen zu beweisen. Wir illustrieren dies an Beispielen.

Beispiele

1. Für k unabhängige, homogene Poissonprozesse $N_1, \ldots, N_k$ auf $\mathbb{R}_+$ mit den Raten $\lambda_1, \ldots, \lambda_k$ ist $N = N_1 + \cdots + N_k$ ein homogener Poissonprozess mit Rate $\lambda_1 + \cdots + \lambda_k$. Sein PPP entsteht durch Überlagerung der einzelnen unabhängigen PPP. Für die ersten Sprungzeiten $H_1, \ldots, H_k$ und H dieser Poissonprozesse gilt dann

$$H = \min(H_1, \ldots, H_k).$$

Dies lässt sich in eine Aussage über exponentialverteilte Zufallsvariablen übersetzen: Das Minimum von k unabhängigen, exponentialverteilten Zufallsvariablen mit Parametern $\lambda_1, \ldots, \lambda_k$ ist exponentialverteilt mit Parameter $\lambda_1 + \cdots + \lambda_k$. Dies kann man auch direkt nachrechnen: Unter Beachtung der Unabhängigkeit gilt

$$\mathbf{P}(\min(H_1, \ldots, H_k) > t) = \prod_{i=1}^k \mathbf{P}(H_i > t) = \prod_{i=1}^k e^{-\lambda_i t} = e^{-(\lambda_1 + \cdots + \lambda_k)t}.$$

2. Seien nun $H_1, \ldots, H_k$ unabhängige exponentialverteilte Zufallsvariable, alle mit demselben Parameter $\lambda > 0$. Dann gilt

$$\max(H_1, \ldots, H_k) \overset{d}{=} \sum_{i=1}^k \frac{H_i}{i}.$$

Man kann diese Formel direkt per Induktion beweisen. Instruktiver ist es, wieder k unabhängige, homogene Poissonprozesse $N_1, \ldots, N_k$ auf $\mathbb{R}_+$ mit Rate $\lambda > 0$ zuhilfe zu nehmen. Deren erste Sprungzeiten $H_1, \ldots, H_k$, der Größe nach geordnet, ergeben Zufallsvariable $0 \leq U_1 \leq U_2 \leq \cdots \leq U_k$. Dann ist U_1 die kleinste der Sprungzeiten der k Poissonprozesse. Nach Beispiel 1 ist sie exponentialverteilt mit Parameter $k\lambda$, also sind U_1 und H_k/k identisch verteilt. Weiter ist $U_2 - U_1$ die Wartezeit bis zum ersten Sprung der verbleibenden $k-1$ Poissonprozesse. Damit ist $U_2 - U_1$

unter Berücksichtigung von Beispiel 1 verteilt wie $H_{k-1}/(k-1)$ und unabhängig von U_1. Durch Iteration erhalten wir (mit $U_0 := 0$)

$$\max(H_1, \ldots, H_k) = U_k = \sum_{j=1}^{k} (U_j - U_{j-1}) \stackrel{d}{=} \sum_{i=1}^{k} \frac{H_i}{i} \, .$$

4.3 Compound Poissonprozesse

Wir kehren nun zurück zu den homogenen Poissonprozessen auf $\mathbb{R}_+$ aus Abschn. 4.1. Anstelle der Sprunghöhen mit konstantem Wert 1 lassen wir jetzt unabhängige, identisch verteilte Sprunghöhen zu (man denke an die Schadenshöhen im Kontext von Versicherungsfällen). Wir schreiben $\mathbb{R}_* := \mathbb{R} \setminus \{0\}$.

Definition

Sei $\lambda > 0$. Seien $V_1, V_2, \ldots$ unabhängig $\mathrm{Exp}(\lambda)$-verteilt, und sei $T_i := V_1 + \cdots + V_i$, $i \geq 1$. Seien weiter $H_1, H_2, \ldots$ unabhängige Kopien einer Zufallsvariablen H mit Werten in $\mathbb{R}_*$ und Verteilung ρ. Beide Folgen von Zufallsvariablen seien auch gegenseitig unabhängig. Dann heißt der reellwertige stochastische Prozess $X = (X_t)_{t \geq 0}$, gegeben durch

$$X_t := \sum_{i \geq 1 : T_i \leq t} H_i$$

ein *Compound Poissonprozess* (CPP) mit der Sprungintensität λ und der Sprunghöhenverteilung ρ.

Ein CPP ist ein *reiner Sprungprozess*. Darunter versteht man einen stochastischen Prozess $X = (X_t)_{t \geq 0}$, der in $X_0 = 0$ startet und dessen Pfade konstant sind, abgesehen von Sprungstellen zu den Zeitpunkten $0 < T_1 < T_2 < \cdots$. Es dürfen endlich oder unendlich viele Sprünge auftreten, wir schließen hier nur aus, dass sich zu einem endlichen Zeitpunkt unendlich viele Sprünge häufen. In den Sprungstellen wird X als rechtsstetig angenommen. Einen Sprung zur Zeit $t > 0$ schreiben wir also als

$$\Delta X_t := X_t - X_{t-} = X_t - \lim_{s \uparrow t} X_s \, .$$

Der Wert zur Zeit t eines reinen Sprungprozesses setzt sich aus seinen Sprüngen zusammen, gemäß

$$X_t = \sum_{0 < s \leq t} \Delta X_s \, ,$$

wobei die Summe nur endlich viele Summanden ungleich 0 enthält.

Wir ordnen nun einem beliebigen reinen Sprungprozess X einen Punktprozess $\Pi = \Pi^X$ in $S = \mathbb{R}_+ \times \mathbb{R}_*$ zu, gemäß

$$\Pi = \sum_{i \geq 1} \delta_{Y_i}, \quad \text{mit } Y_i = (T_i, \Delta X_{T_i}).$$

Offenbar bestimmt umgekehrt Π auch $X = X^{\Pi}$. Das folgende Resultat verallgemeinert Satz 4.1.

Satz 4.4 *Sei $\lambda > 0$ und ρ ein W-Maß auf $\mathbb{R}_*$, und sei v das σ-endliche Maß auf $S = \mathbb{R}_+ \times \mathbb{R}_*$, welches durch $v(dt, dh) = \lambda\, dt\, \rho(dh)$ gegeben ist. Sei weiter X ein reiner Sprungprozess mit zugeordnetem Punktprozess Π. Dann sind folgende Aussagen äquivalent:*

(i) *X ist ein CPP mit Sprungrate λ und Sprunghöhenverteilung ρ.*
(ii) *Π ist ein PPP mit Intensitätsmaß v.*

Beweis (i) $\Rightarrow$ (ii): Nach Satz 4.1 bilden die Sprungzeiten $T_1, T_2, \ldots$ einen PPP in $\mathbb{R}_+$ mit Intensitätsmaß $\lambda\, dt$. Fassen wir die $H_1, H_2, \ldots$ als Färbung dieser Punkte auf, so ist nach Satz 4.3 klar, dass Π ein PPP der angegebenen Intensität ist.

(ii) $\Rightarrow$ (i): Betrachte einen CPP X' mit den angegebenen λ und ρ sowie den zugeordneten Punktprozess Π'. Dann ist Π', wie soeben gezeigt, wie Π verteilt. Als Funktionen dieser Punktprozesse sind dann auch X und X' identisch verteilt. Dies ergibt die Behauptung. $\square$

Setzen wir im Satz $\mu(dh) := \lambda\, \rho(dh)$, so können wir das Intensitätsmaß des Punktprozesses Π als

$$v(dt, dh) = dt\, \mu(dh)$$

schreiben. Das Maß μ ist endlich. In den folgenden Abschnitten kommen wir zu dem Fall, dass μ σ-endlich ist.

▶ **Bemerkung** 1. Man darf bei der Konstruktion eines CPP X allgemeiner zulassen, dass die Sprunghöhen H_i mit positiver Wahrscheinlichkeit den Wert 0 annehmen. Der PPP $\Pi = \Pi^X$ hat dann auch Punkte auf $\mathbb{R}_+ \times \{0\}$. Bezeichnet der PPP Π' die Einschränkung von Π auf $\mathbb{R}_+ \times \mathbb{R}_*$, so ergibt sich $X = X^{\Pi'}$, und X erweist sich als CPP im Sinne der Definition.

2. Sei X ein CPP und $\varepsilon > 0$. Wir zerlegen X in die Anteile X' und X'' von großen und kleinen Sprüngen:

$$X'_t := \sum_{0 < s \leq t} \Delta X_s \cdot I_{\{|\Delta X_s| \leq \varepsilon\}} \quad \text{und} \quad X''_t := \sum_{0 < s \leq t} \Delta X_s \cdot I_{\{|\Delta X_s| > \varepsilon\}},$$

also $X = X' + X''$. Dann sind X' und X'' zwei unabhängige CPP (Übung).

4.4 Subordinatoren*

Die im vorigen Abschnitt beschriebene Konstruktion von „Summenprozessen" aus Punkt-prozessen lässt sich weiter entwickeln. Dazu betrachten wir zunächst Prozesse mit monoton wachsenden Pfaden.

Definition

Ein reellwertiger Prozess $X = (X_t)_{t \geq 0}$ mit $X_0 = 0$ f.s. heißt *Subordinator*, falls er die folgenden Eigenschaften erfüllt:

(i)   Die Verteilung seiner Zuwächse $\Delta X_{s,t} := X_t - X_s, 0 \leq s < t$, hängt nur von $t - s$ ab.
(ii) Für $0 \leq t_1 < \cdots < t_k$ sind $\Delta X_{t_1,t_2}, \ldots, \Delta X_{t_{k-1},t_k}$ unabhängige Zufallsvariable.
(iii) Fast sicher hat X monoton wachsende, rechtsstetige Pfade.

Gegenüber den Compound Poissonprozessen geben wir hier eine Annahme auf. Wohl bleibt die Menge der Sprungstellen weiterhin abzählbar, denn eine monotone Funktion hat höchstens abzählbar unendlich viele Sprünge. Aber diese Menge braucht nicht länger diskret zu sein, d. h., die Sprungstellen dürfen sich nun an beliebiger Stelle in $\mathbb{R}_+$ häufen (und können dann im Allgemeinen auch nicht mehr der Größe nach angeordnet werden, wie dies ja auch für die rationalen Zahlen nicht möglich ist). Das gibt neuen Spielraum in der Wahl eines zugehörigen PPP.

Beispiel (Treffzeiten bei der Brownschen Bewegung)
Sei $W = (W_t)_{t \geq 0}$ eine standard Brownsche Bewegung, und sei für $u \geq 0$

$$T_u := \inf\{t \geq 0 : W_t > u\}$$

der Zeitpunkt, zu dem W den Punkt u überquert. Dann ist T_u offenbar in u monoton wachsend – dabei treten immer dann Sprünge auf, wenn der zufällige Pfad W ein (laufendes) Maximum passiert. Dies sind die Stellen u, für die $T_{u-} = \lim_{r \uparrow u} T_r$ echt kleiner als T_u ist.

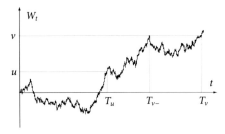

Aufgrund der starken Markoveigenschaft von W ist $(T_u)_{u \geq 0}$ ein Subordinator. Er erbt von der Brownschen Bewegung eine Skalierungseigenschaft: Für $\widehat{W}_t := \frac{1}{\sqrt{c}} W_{ct}$ mit $c > 0$ gilt $\widehat{T}_u = \frac{1}{c} T_{\sqrt{c}u}$, also

$$T_u \overset{d}{=} \frac{1}{c} T_{\sqrt{c}u} \, . \tag{4.6}$$

Die Dichte von T_u erhalten wir aus dem Spiegelungsprinzip für die Brownsche Bewegung: Indem wir

$$\mathbf{P}(T_u < t) = \mathbf{P}(\sup_{s \leq t} W_s > u) = 2\mathbf{P}(W_t > u) = 2\mathbf{P}(W_1 > u/\sqrt{t})$$

als Integral schreiben, folgt durch anschließendes Differenzieren

$$\mathbf{P}(T_u \in dt) = \frac{1}{\sqrt{2\pi}} \frac{u}{t^{3/2}} e^{-u^2/2t} \, dt \, . \tag{4.7}$$

Diese Verteilung wird auch *Lévyverteilung* genannt.

Sei nun μ ein Maß auf $(0, \infty)$, das die Bedingung

$$\int_0^1 h \, \mu(dh) + \mu\big((1, \infty)\big) < \infty \tag{4.8}$$

erfüllt. Wir betrachten auf $S = \mathbb{R}_+ \times (0, \infty)$ das Maß

$$v(dt, dh) = dt \, \mu(dh) \, .$$

Es ist σ-endlich, deswegen können wir einen PPP

$$\Pi = \sum_{i \geq 1} \delta_{Y_i} \quad \text{mit } Y_i = (T_i, H_i)$$

konstruieren, der v als Intensitätsmaß hat. Wir benutzen hier dieselben Schreibweisen wie zuvor, dabei ist aber zu beachten, dass nun im Allgemeinen die Sprungzeiten T_i, $i \geq 1$, nicht mehr in aufsteigender Reihenfolge angeordnet werden können. Ist nämlich $\mu\big((0, \infty)\big) = \infty$, so gibt es in jedem endlichen Zeitintervall $(s, t]$ mit $0 \leq s < t$ fast sicher unendlich viele Sprünge, und fast sicher liegen deren Sprungzeiten dicht in $\mathbb{R}_+$.

Wir betrachten nun die Zufallsvariablen

$$X_t = \sum_{i : 0 < T_i \leq t} H_i \, , \quad t \geq 0 \, , \tag{4.9}$$

insbesondere $X_0 = 0$. Mit $f(s, h) := h 1_{\{0 < s \leq t, h \leq 1\}}$ gilt

$$\mathbf{E}\Big[\sum_{i : 0 < T_i \leq t} H_i \cdot I_{\{H_i \leq 1\}} \Big] = \mathbf{E}\Big[\int f \, d\Pi \Big] = \int f \, dv = t \int_0^1 h \, \mu(dh) < \infty \, ,$$

und es folgt

$$\sum_{i \geq 1 : 0 < T_i \leq t} H_i \cdot I_{\{H_i \leq 1\}} < \infty \text{ f.s.}$$

Außerdem gilt $v\big((0,t]\times(1,\infty)\big) = t\mu\big((1,\infty)\big) < \infty$, sodass $\Pi_{(0,t]\times(1,\infty)}$ als poissonverteilte Zufallsvariable f.s. endlich ist. Dies ergibt

$$\sum_{i\geq 1:0<T_i\leq t} H_i \cdot I_{\{H_i>1\}} < \infty \text{ f.s.}$$

Insgesamt garantiert also (4.8)

$$X_t < \infty \text{ f.s.}$$

für alle $t \geq 0$. Weiter gilt nach Konstruktion $H_i > 0$ für alle $i \geq 1$, sodass der Prozess $X = (X_t)_{t\geq 0}$ monoton wachsende Pfade hat. Aus (4.9) folgt deren Rechtsstetigkeit. Außerdem besitzt X aufgrund der Eigenschaften von Poissonschen Punktprozessen unabhängige, stationäre Zuwächse. Mit einem Wort: X ist ein Subordinator. μ heißt das *Lévymaß* von X.

Beispiel (Stabile Subordinatoren)
Für $0 < \alpha < 1$ erfüllt das Maß

$$\mu(dh) = \theta\frac{dh}{h^{\alpha+1}}, \quad h > 0,$$

mit $\theta > 0$ die Bedingung (4.8). Die Prozesse X haben dann eine Skalierungseigenschaft, die sich aus einer Transformation von Π ergibt. Sei $c > 0$ und

$$\widehat{\Pi} = \sum_{i\geq 1}\delta_{\widehat{Y}_i} \quad \text{mit } \widehat{Y}_i = (c^{-\alpha}T_i, c^{-1}H_i)$$

bzw. $\widehat{\Pi}\big((s_1,s_2]\times(h_1,h_2]\big) = \Pi\big(c^\alpha s_1, c^\alpha s_2]\times(ch_1,ch_2]\big)$. Dann ist $\widehat{\Pi}$ ebenfalls ein PPP, dessen Intensitätsmaß sich als

$$\widehat{v}\big((s_1,s_2]\times(h_1,h_2]\big) = (s_2-s_1)c^\alpha\int_{ch_1}^{ch_2}\frac{dh}{h^{\alpha+1}} = (s_2-s_1)\int_{h_1}^{h_2}\frac{dh}{h^{\alpha+1}}$$

bestimmt, und das heißt $\widehat{v} = v$. Es sind also Π und $\widehat{\Pi}$ verteilungsgleich. Wegen $\widehat{X}_t = c^{-1}X_{c^\alpha t}$ übersetzt sich dies für X in die Skalierungseigenschaft

$$X_t \overset{d}{=} \frac{1}{c}X_{c^\alpha t}. \tag{4.10}$$

Hier ist eine Simulation (links für Π und rechts für X) mit $\alpha = 0{,}5$

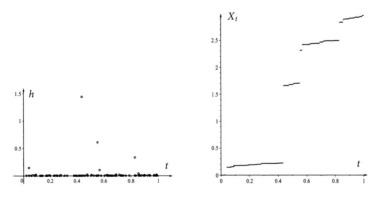

und eine Simulation mit $\alpha = 0,95$

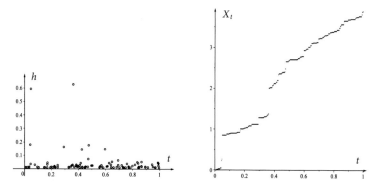

Der in (4.9) gegebene Subordinator setzt sich allein aus seinen Sprüngen zusammen, diese Eigenschaft teilt er mit den reinen Sprungprozessen. Deswegen schreibt man wieder $X_t = \sum_{0<s\leq t} \Delta X_s$. Wir können noch einen deterministischen Anteil dazugeben, gemäß

$$X_t = bt + \sum_{0<s\leq t} \Delta X_s$$

mit $b \geq 0$, ohne die Eigenschaften eines Subordinators zu beeinträchtigen. Es ist eine bemerkenswerte Feststellung, dass man auf diese Weise, mit einem PPP Π und einem linearen Anteil mit Drift $b \geq 0$, alle möglichen Subordinatoren erfasst. Wir kommen darauf in Satz 4.5 zurück. – Auch die Treffzeiten einer standard Brownschen Bewegung ordnen sich hier ein. Man zeigt, dass sie in Verteilung einem stabilen Subordinator mit $\alpha = 1/2$ gleich ist, wenn man nur $\theta > 0$ richtig wählt. Diese Konstante lässt sich mithilfe der Aufgaben bestimmen.

4.5 Lévyprozesse*

Wir kennen nun einige reellwertige Prozesse mit unabhängigen, stationären Zuwächsen: Brownsche Bewegungen, Compound Poissonprozesse, Subordinatoren. Jetzt betrachten wir die vollständige Klasse solcher Prozesse.

Wie bei der Brownschen Bewegung ist es notwendig, die Pfade als ausreichend regulär anzunehmen, damit man relevante Ereignisse bilden kann. Wie schon bei den Poissonprozessen müssen wir Sprünge zulassen. Hier hat es sich bewährt, den Raum der stetigen Funktionen zur erweitern und als Pfade auch càdlàg Funktionen (continue à droite, limite à gauche, d. h., rechtsstetig mit linksseitigen Limiten) zuzulassen.

Definition

Eine Funktion $f : [0, \infty) \to \mathbb{R}$ (oder allgemeiner mit Werten in einem metrischen Raum) heißt *càdlàg*, falls sie rechtsseitig stetig ist,

$$f(t) = \lim_{s \downarrow t} f(s) \quad \text{für alle } t \geq 0 \,,$$

und falls die linksseitigen Limiten

$$f(t-) = \lim_{s \uparrow t} f(s) \quad \text{für alle } t > 0$$

existieren. Den Raum aller càdlàg-Funktionen bezeichnen wir mit $D[0, \infty)$.

In den vorigen Abschnitten haben wir Compound Poissonprozesse und Subordinatoren schon so definiert, dass ihre Pfade càdlàg sind.

Eine Eigenschaft von càdlàg-Funktionen f ist für uns besonders wichtig: Sei $\varepsilon > 0$, dann sind die Sprungstellen $\Delta f(t) := f(t) - f(t-)$ mit $|\Delta f(t)| \geq \varepsilon$ voneinander isoliert, d. h., sie haben keinen endlichen Häufungspunkt. Andernfalls ergäbe sich ein Widerspruch: Entweder es gäbe eine strikt fallende Folge $t_1, t_2, \ldots$ mit Grenzwert t und $|\Delta f(t_i)| \geq \varepsilon$. Dann folgt aber aufgrund der Rechtsstetigkeit $f(t_i) \to f(t)$ und $f(t_i-) \to f(t)$. Oder es gäbe eine strikt wachsende Folge t_i mit Grenzwert t, sodass $f(t_i) \to f(t-)$ und $f(t_i-) \to f(t-)$ gilt. Beidesmal folgt $\Delta f(t_i) \to 0$, ein Widerspruch.

Die Stellen großer Sprünge sind also voneinander isoliert, und die Gesamtanzahl aller Sprungstellen ist abzählbar. Die Sprungstellen können isoliert liegen, wie bei den Pfaden eines Poissonprozesses, oder sie können sich überall häufen, wie bei den stabilen Subordinatoren.

Wir versehen nun $D[0, \infty)$ nach genau demselben Schema mit einer σ-Algebra, wie wir das früher schon mit $C[0, \infty)$ getan haben: $\mathcal{B}_{D[0,\infty)}$ ist die kleinste σ-Algebra, für die die Projektionsabbildungen

$$\pi_t : D[0, \infty) \to \mathbb{R}, \quad \pi_t(f) := f(t)$$

für alle $t \geq 0$ messbar sind.

Nun können wir auch Prozesse wie den Poissonprozess auf $\mathbb{R}_+$ als zufällige Funktion auffassen, als eine Zufallsvariable mit Werten im Raum der càdlàg-Funktionen. Die Sprechweisen von früher übertragen sich in kanonischer Weise: Wir sagen, ein reellwertiger Prozess $(X_t)_{t \geq 0}$ *besitzt f.s. càdlàg-Pfade*, falls es eine $D[0, \infty)$-wertige Zufallsvariable X gibt, sodass für alle $t \geq 0$

$$X_t = \pi_t(X) \text{ f.s.}$$

gilt. Man rechnet dann immer in dieser geglätteten Version des Prozesses.

Definition

Ein reellwertiger Prozess $X = (X_t)_{t \geq 0}$ mit $X_0 = 0$ f.s. heißt *Lévyprozess*, falls er die folgenden Bedingungen erfüllt:

(i)   Stationarität der Zuwächse: Die Verteilung von $\Delta X_{s,t} = X_t - X_s$ mit $0 \leq s < t$ ist nur von $t - s$ abhängig.

(ii) Unabhängigkeit: Für $0 \leq t_1 < t_2 < \cdots < t_k$ sind $\Delta X_{t_1,t_2}, \ldots, \Delta X_{t_{k-1},t_k}$ unabhängige Zuvallsvariable.

(iii) Pfadverhalten: Fast sicher besitzt X càdlàg-Pfade.

Man kann zeigen, dass die beiden ersten Bedingungen die letzte nach sich ziehen für eine geeignete Version des Prozesses (s. [Ka], Satz 15.1). Einen ähnlichen Sachverhalt haben wir ja schon bei der Brownschen Bewegung kennengelernt.

Beispiel (Cauchyprozess[2])

Sei $W = (U, V)$ eine 2-dimensionale sBB, d. h., die Komponenten U und V sind unabhängige reellwertige sBB. Für $u \geq 0$ setzen wir

$$X_u := V_{T_u} \quad \text{mit } T_u := \inf\{t \geq 0 : U_t > u\} \,. \tag{4.11}$$

Aufgrund der starken Markoveigenschaft von W ist dann $(X_u)_{u \geq 0}$ ein Lévyprozess. Die Zufallsvariablen X_u sind cauchyverteilt:

$$\mathbf{P}(X_u \in dx) = \frac{1}{\pi} \frac{u}{u^2 + x^2} \, dx \,.$$

Aufgrund der Unabhängigkeit von U und V gilt nämlich nach (4.7) mit der Substitution $t = (2s)^{-1}$

$$\begin{aligned}
\mathbf{P}(a \leq X_u \leq b) &= \int_0^\infty \mathbf{P}(a \leq V_t \leq b) \, \mathbf{P}(T_u \in dt) \\
&= \int_0^\infty \int_a^b \frac{1}{\sqrt{2\pi t}} e^{-x^2/2t} \frac{1}{\sqrt{2\pi}} \frac{u}{t^{3/2}} e^{-u^2/2t} \, dx \, dt \\
&= \int_a^b \int_0^\infty \frac{u}{\pi} e^{-(x^2+u^2)s} \, ds \, dx = \frac{u}{\pi} \int_a^b \frac{dx}{u^2 + x^2} \,.
\end{aligned}$$

Die Skaleninvarianz einer sBB drückt sich in X mit $c > 0$ aus als

$$X_u \overset{d}{=} \frac{1}{c} X_{cu} \tag{4.12}$$

für $u \geq 0$. Ist nämlich $W_t' := c^{-1} W_{c^2 t}$, so folgt $T_u' = c^{-2} T_{cu}$ und $X_t' = c^{-1} X_{cu}$.

Wenn man in (4.11) den Prozess $(T_u)_{u \geq 0}$ durch einen beliebigen Subordinator ersetzt, der unabhängig von der sBB V ist, so erhält man eine ganze Schar von Lévyprozessen. Es ist diese klassische,

---

[2] AUGUSTIN-LOUIS CAUCHY, *1789 Paris, †1857 Sceaux. Berühmter Analytiker, Pionier der Funktionentheorie und einflussreicher Lehrer an der École Polytechnique.

auf Bochner[3] zurückgehende Konstruktion durch „Subordination", von der die Bezeichnung Subordinator für Lévyprozesse mit monoton wachsenden Pfaden herrührt.

Die folgende Konstruktion von Prozessen aus Poissonschen Punktprozessen liefert allgemeine Lévyprozesse, sie umfasst unsere bisherigen Darstellungen von Compound Poissonprozessen und Subordinatoren. Dazu sei wieder

$$\Pi = \sum_{i \geq 1} \delta_{Y_i} \quad \text{mit } Y_i = (T_i, H_i)$$

ein PPP auf $\mathbb{R}_+ \times \mathbb{R}_*$ mit $\mathbb{R}_* = \mathbb{R} \smallsetminus \{0\}$ und σ-endlichem Intensitätsmaß ν von der Gestalt

$$\nu(dt, dh) = dt\, \mu(dh)\,.$$

Wir stellen die im Vergleich zu (4.8) schwächere Bedingung

$$\int_{-1}^{1} h^2 \mu(dh) + \mu\big((-\infty, 1]\big) + \mu\big([1, \infty)\big) < \infty\,. \tag{4.13}$$

Es geht darum, einen Prozess X zu konstruieren, dessen Sprünge H_i zu den Zeiten T_i durch Π gegeben sind. Anders als bei Subordinatoren sind nun auch negative Sprünge erlaubt. Auch können wir den Prozess nicht mehr allein als Summe seiner Sprünge definieren, zumindest die kleinen Sprünge müssen geeignet *kompensiert* werden. Im Einzelnen gilt:

Für $0 < \varepsilon < \eta \leq \infty$ und $t \geq 0$ definieren wir

$$X_t^{\varepsilon, \eta} := \sum_{i \geq 1 : T_i \leq t} H_i \cdot I_{\{\varepsilon \leq |H_i| < \eta\}}\,.$$

$X^{\varepsilon, \eta}$ ist ein CPP. Er ist wohldefiniert, denn die Summe enthält nur endlich viele Summanden, da $\nu\big([0, t] \times ((-\eta, -\varepsilon] \cup [\varepsilon, \eta))\big) = t\mu\big((-\eta, -\varepsilon] \cup [\varepsilon, \eta)\big) < \infty$ nach (4.13). Wegen $X_t^{\varepsilon, \eta} = \int h \cdot I_{\{s \leq t, \varepsilon \leq |h| < \eta\}} \Pi(ds, dh)$ errechnen sich Erwartungswert und Varianz nach (4.3), (4.4) für $0 < \varepsilon < \eta < \infty$ als

$$\mathrm{E}\big[X_t^{\varepsilon, \eta}\big] = t e_{\varepsilon, \eta}\,, \quad \mathrm{Var}\big[X_t^{\varepsilon, \eta}\big] = t v_{\varepsilon, \eta}$$

mit

$$e_{\varepsilon, \eta} = \int\limits_{(-\eta, -\varepsilon] \cup [\varepsilon, \eta)} h\, \mu(dh)\,, \quad v_{\varepsilon, \eta} = \int\limits_{(-\eta, -\varepsilon] \cup [\varepsilon, \eta)} h^2\, \mu(dh)\,. \tag{4.14}$$

---

[3] SALOMON BOCHNER, *1899 bei Krakau, †1982 Houston, Texas. Mathematiker mit wichtigen Beiträgen zur harmonischen und komplexen Analysis. Er habilitierte 1927 in München und ging 1933 nach Princeton.

Für $0 < \varepsilon < 1$, $t \geq 0$ setzen wir nun

$$X_t^\varepsilon := X_t^{\varepsilon,\infty} - e_{\varepsilon,1}t .$$ (4.15)

Dies ist ein Lévyprozess, der als Sprünge genau die H_i enthält, die dem Absolutbetrag nach mindestens die Größe ε haben. Der Beitrag der Sprünge mit einem Betrag höchstens 1 ist zusätzlich am Erwartungswert zentriert. Man nennt $e_{\varepsilon,1}t$, $t \geq 0$, den *Kompensator* des Prozesses.

Wir wollen zum Limes $\varepsilon \downarrow 0$ übergehen. Sei dazu $0 < \varepsilon < \eta < 1$. Dann ist

$$X_t^\varepsilon - X_t^\eta = X_t^{\varepsilon,\eta} - e_{\varepsilon,\eta}t$$

nicht nur ein Lévyprozess, sondern wegen der Zentrierung am Erwartungswert auch ein Martingal. Nach der Doob-Ungleichung (1.9) folgt für $\delta > 0$

$$\mathbf{P}\Big(\sup_{t \leq u} |X_t^\varepsilon - X_t^\eta| > \delta \Big) \leq \delta^{-2} u v_{\varepsilon,\eta} .$$

Aufgrund von (4.13) gibt es nun eine Nullfolge $1 > \varepsilon_1 > \varepsilon_2 > \cdots > 0$, sodass $v_{\varepsilon_n,\varepsilon_{n-1}} \leq v_{0,\varepsilon_{n-1}} \leq n^{-7}$. Es folgt

$$\mathbf{P}\Big(\sup_{t \leq k} |X_t^{\varepsilon_n} - X_t^{\varepsilon_{n-1}}| > n^{-2} \Big) \leq n^{-2} .$$

Mit dem Borel-Cantelli-Lemma können wir nun folgern, dass f.s. nur endlich viele der Ereignisse $\{\sup_{t \leq n} |X_t^{\varepsilon_n} - X_t^{\varepsilon_{n-1}}| > n^{-2}\}$ eintreten. Dies bedeutet, dass für natürliche Zahlen $m < n$

$$\sup_{t \leq m} |X_t^{\varepsilon_n} - X_t^{\varepsilon_m}| \leq \sum_{j=m+1}^n \sup_{t \leq j} |X_t^{\varepsilon_j} - X_t^{\varepsilon_{j-1}}| \leq \sum_{j=m+1}^\infty \frac{1}{j^2} \quad \text{f.s.}$$

gilt, wenn nur m ausreichend groß ist. Die rechte Seite geht für $m \to \infty$ gegen 0. Es bildet also $X_t^{\varepsilon_n}$ f.s. eine Cauchy-Folge, und zwar bezüglich in t gleichmäßiger Konvergenz auf endlichen Zeitintervallen. Deswegen haben die càdlàg-Prozesse X^{ε_n} für $n \to \infty$ f.s. einen Grenzprozess X,

$$X_t^{\varepsilon_n} \to X_t \quad \text{f.s.}$$ (4.16)

für alle $t \geq 0$, auch hat f.s. X aufgrund der gleichmäßigen Konvergenz càdlàg-Pfade. Außerdem übertragen sich auf X die Eigenschaften der Stationarität und Unabhängigkeit der Zuwächse.

Es ist also X ein Lévyprozess, dessen Sprünge durch den PPP Π vorgegeben sind. Wir schreiben

$$X = X^\Pi .$$ (4.17)

Das Maß μ, auf dem die Konstruktion beruht, heißt das *Lévymaß* von X. Man bemerke, dass im Fall (4.8) die Konstruktion (4.15), (4.16) im Vergleich zu (4.9) nicht Neues ergibt. Dann sind nämlich die $e_{\varepsilon_n,1}$ für $n \to \infty$ gegen einen endlichen Wert konvergent, und die Kompensatoren $(e_{\varepsilon_n,1}t)_{t\geq 0}$ können auch völlig beiseite gelassen werden. Wenn (4.8) nicht gilt, ist das Kompensieren aber unverzichtbar. Die durch den Kompensator eingefügten linearen Pfadstücke zwischen den Sprüngen besitzen eine Steigung, die mit wachsendem n gegen unendlich geht und zu einem neuen Typ von càdlàg-Pfaden führt. Im Allgemeinen kann man X^Π nicht einfach als Differenz zweier Subordinatoren ausdrücken.

Beispiel (Stabile Prozesse)
Das Beispiel über stabile Subordinatoren verallgemeinernd betrachten wir den Fall

$$\mu(dh) = \left(\frac{\theta_1}{h^{\alpha+1}} I_{\{h>0\}} + \frac{\theta_2}{|h|^{\alpha+1}} I_{\{h<0\}} \right) dh \,,$$

mit $\theta_1, \theta_2 \geq 0$. Mussten wir im Fall $\theta_2 = 0$ die Bedingung $0 < \alpha < 1$ stellen, um ohne Kompensation auszukommen, so brauchen wir jetzt nur noch $0 < \alpha < 2$ fordern, damit die Bedingung (4.13) erfüllt ist. Wir setzen $\gamma := \theta_1 - \theta_2$.

Wieder geht für $c > 0$ der PPP Π auf dem Raum $\mathbb{R}_+ \times \mathbb{R}_*$ unter der Transformation $(t,y) \mapsto (c^{-\alpha}t, c^{-1}y)$ in einen Punktprozess

$$\widehat{\Pi} = \sum_{i\geq 1} \delta_{\widehat{Y}_i} \quad \text{mit } \widehat{Y}_i = (c^{-\alpha}T_i, c^{-1}H_i)$$

über, der verteilungsgleich mit Π ist. Bei der Übertragung dieser Invarianz auf den Prozess X^Π muss man auch die Kompensation berücksichtigen. Für $0 < \varepsilon < 1$ gilt

$$\widehat{X}_t^{\varepsilon,\infty} = \sum_{i\geq 1 : c^{-\alpha}T_i \leq t} c^{-1}H_i I_{\{|c^{-1}H_i|>\varepsilon\}} = \frac{1}{c} X_{c^\alpha t}^{c\varepsilon,\infty}$$

und, falls auch $c\varepsilon < 1$,

$$\widehat{X}_t^{\varepsilon,\infty} - e_{\varepsilon,1}t = \frac{1}{c}\left(X_{c^\alpha t}^{c\varepsilon,\infty} - e_{c\varepsilon,1}c^\alpha t \right) + \left(c^{\alpha-1}e_{c\varepsilon,1} - e_{\varepsilon,1} \right)t \,. \tag{4.18}$$

Wegen

$$e_{\varepsilon,1} = \theta_1 \int_\varepsilon^1 h \frac{dx}{h^{\alpha+1}} + \theta_2 \int_{-1}^{-\varepsilon} h \frac{dx}{|h|^{\alpha+1}} = \begin{cases} \frac{\gamma}{1-\alpha}(1 - \varepsilon^{1-\alpha}) & \text{für } \alpha \neq 1 \\ -\gamma \log \varepsilon & \text{für } \alpha = 1 \end{cases}$$

gilt

$$\kappa(c,\alpha) := c^{\alpha-1}e_{c\varepsilon,1} - e_{\varepsilon,1} = \begin{cases} \frac{\gamma}{1-\alpha}(c^{\alpha-1} - 1) & \text{für } \alpha \neq 1 \\ -\gamma \log c & \text{für } \alpha = 1 \end{cases} \,.$$

Der Grenzübergang $\varepsilon \to 0$ in (4.18) ergibt daher $X_t^{\widehat{\Pi}} = c^{-1}X_{c^\alpha t}^\Pi + \kappa(c,\alpha)t$ f.s. bzw.

$$X_t^\Pi \stackrel{d}{=} \frac{1}{c}X_{c^\alpha t}^\Pi + \kappa(c,\alpha)t \,. \tag{4.19}$$

Im Fall $\alpha \neq 1$ wird diese Skalierungseigenschaft noch übersichtlicher, wenn wir statt X^Π den Lévyprozess

$$X'_t := X^\Pi_t + \frac{\gamma}{1-\alpha} t, \quad t \geq 0,$$

betrachten. Dann gilt für $c > 0$

$$X'_t \stackrel{d}{=} \frac{1}{c} X'_{c^\alpha t}, \tag{4.20}$$

so wie wir das für die Brownsche Bewegung mit $\alpha = 2$, für den Cauchyprozess (4.12) mit $\alpha = 1$, für die Treffzeiten von Brownschen Bewegungen (4.6) mit $\alpha = 1/2$ und allgemeiner für die stabilen Subordinatoren (4.10) mit $0 < \alpha < 1$ kennengelernt haben.

Für $n \in \mathbb{N}$ lässt sich X'_n nun mittels X'_1 auf zweierlei Weise darstellen: Zum einen hat es wegen (4.20) dieselbe Verteilung wie $n^{1/\alpha} X'_1$. Außerdem ist X'_n aufgrund von $X'_n = \Delta X'_{0,1} + \Delta X'_{1,2} + \cdots + \Delta X'_{n-1,n}$ Summe von n unabhängigen, identisch verteilten Kopien von X'_1. Schreiben wir Y für X'_1 und sind $Y_1, \ldots, Y_n$ unabhängige Kopien von Y, so folgt

$$Y \stackrel{d}{=} \frac{Y_1 + \cdots + Y_n}{n^{1/\alpha}}.$$

Im Fall $\alpha = 1$ wird die Beziehung (4.19) zu $X^\Pi_n \stackrel{d}{=} n X^\Pi_1 + \gamma n \log n$. Für $Y = X^\Pi_1$ und unabhängige Kopien $Y_1, \ldots, Y_n$ von Y folgt nun

$$Y \stackrel{d}{=} \frac{Y_1 + \cdots + Y_n}{n} - \gamma \log n.$$

Man sagt, dass eine reellwertige Zufallsvariable Y eine *stabile Verteilung* besitzt, falls für alle $n \in \mathbb{N}$ reelle Zahlen $a_n > 0$, b_n existieren, sodass mit unabhängigen Kopien $Y_1, \ldots, Y_n$ von Y

$$Y \stackrel{d}{=} \frac{Y_1 + \cdots + Y_n}{a_n} + b_n$$

gilt. Gilt dabei $b_n = 0$ für alle $n \geq 1$, so heißt die Verteilung von Y *strikt stabil*. Beispielsweise sind Normalverteilungen stabil und Normalverteilungen mit Erwartungswert 0 strikt stabil. Dazu kommen nun all die soeben aus Poissonschen Punktprozessen gewonnenen Verteilungen, deren Lage man dann noch (durch Addition einer Konstanten) verändern kann. Beachtlicherweise ist damit die Klasse der stabilen Verteilungen vollständig erfasst, insbesondere kann man a_n immer als $n^{1/\alpha}$ wählen. α heißt der *Index* der stabilen Verteilungen, $\beta = (\theta_1 - \theta_2)/(\theta_1 + \theta_2) = \gamma/(\theta_1 - \theta_2)$ seine *Schiefe*. Beide Parameter bestimmen die Verteilung, bis auf die Intensität $\theta_1 + \theta_2$ und die Lage.

Wir verfügen neben der Konstruktion von Brownschen Bewegungen nun also auch über eine Konstruktion für Lévyprozesse mit Sprüngen. Es ist eine sehr bemerkenswerte Tatsache, dass wir damit schon alle reellwertigen Lévyprozesse erfasst haben.

Satz 4.5 (Lévy-Itô-Darstellung) *Sei X ein reellwertiger Lévyprozess. Dann gibt es eine sBB W und einen davon unabhängigen PPP Π, der (4.13) erfüllt, sowie reelle Zahlen $a \geq 0$ und b, sodass für alle $t \geq 0$*

$$X_t = aW_t + bt + X^\Pi_t \ f.s.$$

Die Zerlegung ist eindeutig: Π und damit X^{Π} ergeben sich in eindeutiger Weise aus den Sprüngen der Pfade von X. W, a und b bestimmen sich dann aus $X - X^{\Pi}$. Das folgende Lemma bereitet den Beweis vor.

Lemma 4.6 *Sei X ein Lévyprozess, dessen Sprünge dem Betrag nach f.s. durch eine Konstante $d < \infty$ beschränkt sind. Dann gilt $\mathbf{E}[X_t^2] < \infty$ für alle $t \geq 0$.*

Beweis Indem wir umskalieren, dürfen wir $d = 1/2$ annehmen. Wir betrachten den Lévyprozess $\bar{X} = X - X'$, wobei X' eine unabhängige Kopie von X sei. Für

$$S = S_{t,n} := \sum_{k=1}^{n} \Delta_{k,n} \cdot I_{\{|\Delta_{k,n}| \leq 1\}} \quad \text{mit } \Delta_{k,n} = \Delta \bar{X}_{(k-1)t/n, kt/n}$$

gilt aufgrund von Unabhängigkeit $\mathbf{E}[e^{i\lambda S}] = \prod_{k=1}^{n} \mathbf{E}[e^{i\lambda \Delta_{k,n} \cdot I_{\{|\Delta_{k,n}| \leq 1\}}}]$ für $\lambda > 0$, oder, da die $\Delta_{k,n}$ und S symmetrische Verteilungen besitzen,

$$\mathbf{E}[\cos(\lambda S)] = \prod_{k=1}^{n} \mathbf{E}[\cos(\lambda \Delta_{k,n} \cdot I_{\{|\Delta_{k,n}| \leq 1\}})] .$$

Weiter gibt es eine Konstante $c > 0$, sodass $0 \leq \cos(\delta) \leq 1 - c\delta^2$ für $|\delta| \leq 1$, und es folgt für $\lambda \leq 1$ unter Beachtung von $1 - x \leq e^{-x}$

$$\mathbf{E}[\cos(\lambda S)] \leq \prod_{k=1}^{n} \left(1 - c\lambda^2 \mathbf{E}[\Delta_{k,n}^2 \cdot I_{\{|\Delta_{k,n}| \leq 1\}}]\right) \leq \exp\left(-c\lambda^2 \sum_{k=1}^{n} \mathbf{E}[\Delta_{k,n}^2 \cdot I_{\{|\Delta_{k,n}| \leq 1\}}]\right).$$

Aufgrund von Symmetrie gilt $\mathbf{E}[\Delta_{k,n} \cdot I_{\{|\Delta_{k,n}| \leq 1\}}] = 0$, und mit Unabhängigkeit folgt

$$\mathbf{E}[\cos(\lambda S)] \leq \exp(-c\lambda^2 \mathbf{E}[S^2]) .$$

Da wir es mit càdlàg-Pfaden zu tun haben und alle Sprünge kleiner als 1 sind, gilt $S_{t,n} \to \bar{X}_t$ f.s. Deswegen folgt mittels dominierter Konvergenz und dem Lemma von Fatou

$$\mathbf{E}[\cos(\lambda \bar{X}_t)] \leq \exp(-c\lambda^2 \mathbf{E}[\bar{X}_t^2]) . \tag{4.21}$$

Für $\lambda \to 0$ konvergiert die linke Seite gegen 1, deswegen folgt $\mathbf{E}[\bar{X}_t^2] < \infty$. Schließlich gilt nach dem Satz von Fubini

$$\mathbf{E}[\bar{X}_t^2] = \int \mathbf{E}[(X_t - x')^2] \mathbf{P}(X_t' \in dx') ,$$

deswegen gibt es ein $x' \in \mathbb{R}$, sodass $\mathbf{E}[(X_t - x')^2] < \infty$. Dies ergibt die Behauptung. $\qquad\square$

Beweis von Satz 4.5 Wir betrachten wieder den Punktprozess $\Pi = \sum_{i \geq 1} \delta_{Y_i}$, wobei $Y_i = (T_i, \Delta X_{T_i})$ die Sprungzeiten und -höhen von X in irgendeiner Reihenfolge bezeichnen. Die hauptsächliche Aufgabe besteht darin, Π als poissonsch zu erkennen. Dazu konstruieren wir aus dem Prozess X mit einer zusätzlichen Randomisierung eine Folge von Compound Poissonprozessen, die den Sprunganteil von X ausschöpft. Für CPP wissen wir bereits, dass ihre Punktprozesse poissonsch sind.

(i) Zunächst trennen wir die großen Sprünge in X vom Rest des Pfades. Dazu setzen wir für $0 < \varepsilon < \eta \leq \infty$

$$X_t^{\varepsilon,\eta} := \sum_{s \leq t} \Delta X_s I_{\{\varepsilon < |\Delta X_s| \leq \eta\}} .$$

Da X càdlàg-Pfade besitzt und folglich alle großen Sprünge voneinander isoliert sind, ist $X^{\varepsilon,\eta}$ ein reiner Sprungprozess. Wir zeigen nun, dass $X^{\varepsilon,\infty}$ ein CPP ist, zudem unabhängig von $X - X^{\varepsilon,\infty}$. Dazu diskretisieren wir X:

Wir nehmen unabhängige, Exp(1)-verteilte Zufallsvariable $V_1, V_2, \ldots$, auch unabhängig von X, und setzen $S_j := V_1 + \cdots + V_j$ sowie für $\delta > 0$

$$Z_t = Z_{t,\delta} := \sum_{j \geq 1: \delta S_j \leq t} H_j , \quad \text{mit } H_j := \Delta X_{\delta(j-1), \delta j} .$$

Z setzt sich aus unabhängigen Sprüngen mit exponentiellen Zwischenwartezeiten zusammen, ist also ein CPP. Zudem konvergiert nach dem Gesetz der Großen Zahlen, angewandt auf die Folge S_j, $j \geq 1$, f.s. Z_t in jedem Stetigkeitspunkt t von X für $\delta \to 0$ gegen X_t.

Für $\varepsilon > 0$ sind dann durch

$$Z_t' := \sum_{j \geq 1: \delta S_j \leq t} H_j I_{\{|H_j| > \varepsilon\}} \quad \text{und} \quad Z_t'' := \sum_{j \geq 1: \delta S_j \leq t} H_j I_{\{|H_j| \leq \varepsilon\}}$$

zwei unabhängige CPP gegeben, s. Satz 4.4 und die Bemerkung im Anschluss.

Es gibt nun höchstens abzählbar viele $\varepsilon > 0$, so dass mit positiver Wahrscheinlichkeit $|\Delta X_{T_i}| = \varepsilon$ für mindestens ein $i \geq 1$ eintritt. Für jedes andere $\varepsilon > 0$ hat X f.s. keinen Sprung mit absoluter Größe ε. Dann konvergieren die Sprunghöhen von Z' für $\delta \to 0$ gegen die von $X^{\varepsilon,\infty}$. Nach dem Gesetz der Großen Zahlen, angewandt auf die Folge S_j, $j \geq 1$, konvergieren für $\delta \to 0$ auch die Sprungzeiten von Z' gegen diejenigen von $X^{\varepsilon,\infty}$. Es ist deswegen $X^{\varepsilon,\infty}$ als Limes von CPP selbst ein CPP.

Als solcher hat für festes t der Prozess $X^{\varepsilon,\infty}$ in t f.s. keinen Sprung. Dies gilt für alle $\varepsilon > 0$ abgesehen von den eben genannten Ausnahmen, daher ist X in jedem t f.s. stetig. Nach dem oben Gesagten folgt für festes t die f.s. Konvergenz $Z_t \to X_t$, also

$$Z_t'' = Z_t - Z_t' \to X_t - X_t^{\varepsilon,\infty} \quad \text{f.s.}$$

Weil Z'' ein CPP ist, ist also $X - X^{\varepsilon,\infty}$ ein Lévyprozess. Zudem überträgt sich die Unabhängigkeit von Z' und Z'' auf die Prozesse $X^{\varepsilon,\infty}$ und $X - X^{\varepsilon,\infty}$.

Unter Beachtung von Satz 4.4 erhalten wir noch, dass für $0 < \varepsilon < \eta < \infty$ auch die CPP $X^{\varepsilon,\eta}$ und $X^{\eta,\infty}$ unabhängig sind. Insgesamt ergibt sich die Unabhängigkeit der drei Prozesse $X^{\varepsilon,\eta}$ $X^{\eta,\infty}$ und $X - X^{\varepsilon,\infty}$.

(ii) Nach Satz 4.4 gehört zu $X^{\varepsilon,\infty}$ ein PPP Π^{ε}. Im Limes $\varepsilon \to 0$ erhalten wir den PPP Π auf $\mathbb{R}_+ \times \mathbb{R}_*$ mit Intensitätsmaß der Gestalt $v(dt, dh) = dt\,\mu(dh)$. Da sich Sprünge größer als 1 nicht häufen, ist $\mu((-\infty, 1] \cup [1, \infty)) < \infty$ erfüllt. Weiter hat der Prozess

$$X_t - X_t^{1,\infty}\,, \quad t \geq 0\,,$$

nur Sprünge höchstens der Größe 1 und damit nach Lemma 4.6 endliche Varianz. Zerlegen wir den Prozess mit $0 < \varepsilon < 1$ in die unabhängigen Bestandteile

$$X_t - X_t^{1,\infty} = \left(X_t - X_t^{\varepsilon,\infty} \right) + X_t^{\varepsilon,1}\,,$$

so folgt

$$t \int_{(-1,\varepsilon] \cup [\varepsilon,1)} h^2\, \mu(dh) = \mathbf{Var}\big[X_t^{\varepsilon,1}\big] \leq \mathbf{Var}\big[X_t - X_t^{1,\infty}\big]\,.$$

Im Grenzübergang $\varepsilon \to 0$ erkennen wir, dass μ die Bedingung (4.13) erfüllt.

Der Beweis ist nun schnell zuende geführt: Wir betrachten für $0 < \varepsilon < 1$ die Zerlegung

$$X_t = \left(X_t^{\varepsilon,\infty} - e_{\varepsilon,1}t \right) + \left(X_t - X_t^{\varepsilon,\infty} + e_{\varepsilon,1}t \right)$$

in zwei unabhängige Summanden mit dem in (4.14) definierten $e_{\varepsilon,1}$. Für $\varepsilon \to 0$ konvergiert der erste gleichmäßig auf endlichen Zeitintervallen gegen das in (4.17) definierte X^{Π}. Daher konvergiert auch der zweite in demselben Sinn gegen einen Prozess B. Dieser hat nur Sprünge höchstens der Größe ε, und dies für jedes $\varepsilon > 0$. Daher hat B f.s. stetige Pfade. Nach Satz 3.10 ist daher B eine Brownsche Bewegung. Auch bleibt im Grenzübergang die Unabhängigkeit zwischen beiden Anteilen bestehen. Dies ergibt die Behauptung.   □

4.6 Aufgaben

1. Sei N ein homogener Poissonprozess mit Sprungrate 1. Zeigen Sie, dass $M_t := N_t - t$ und $M_t^2 - t$, $t \geq 0$, Martingale sind.

2. Sei $a \geq 0$ und Π ein homogener PPP auf $\mathbb{R}_+$. Bezeichne Y den Punkt aus Π, für den der Abstand $D = |Y - a|$ minimal ist. Bestimmen Sie die Dichte der Zufallsvariablen Y.

3 Bilder eines PPP. Sei $\Pi = \sum_{i \geq 1} \delta_{Y_i}$ ein PPP mit Intensitätsmaß v und sei die Abbildung $\varphi : S \to S'$ in den metrischen Raum S' borelmessbar. Dann ist der Bildprozess $\Pi' = \sum_{i \geq 1} \delta_{\varphi(Y_i)}$ ein PPP auf S' mit Intensitätsmaß v', gegeben durch $v'(B') := v(\varphi^{-1}(B'))$.

4. Sei $\Pi = \sum_{i \geq 1} \delta_{Y_i}$ ein PPP auf $S = [1, \infty)$, dessen Intensitätsmaß das Lebesguemaß auf $[1, \infty)$ ist, und sei $\Pi' = \sum_{i \geq 1} \delta_{Y_i^2}$. Wie muss man Π ausdünnen, so dass ein PPP entsteht, der in Verteilung mit Π' übereinstimmt.

  Hinweis: Was ist das Intensitätsmaß von Π'?

5 Überlagerungen von unabhängigen PPP. Seien Π_1 und Π_2 zwei unabhängige PPP auf S mit Intensitätsmaß ν_1 und ν_2. Dann ist $\Pi + \Pi'$ ein PPP mit Intensitätsmaß $\nu + \nu'$.

6. Seien $V_1, V_2, \ldots$ unabhängige, exponentialverteilte Zufallsvariable zum Parameter $\lambda > 0$ und G eine davon unabhängige, geometrisch verteilte Zufallsvariable mit Parameter $0 < p < 1$. Zeigen Sie, dass $V_1 + \cdots + V_G$ exponentialverteilt ist mit Parameter $p\lambda$.

  Hinweis: Betrachten Sie einen homogenen PPP auf $\mathbb{R}_+$ und dünnen Sie ihn mit Wahrscheinlichkeit p aus.

7. Sei $\Pi = \sum_{i \geq 1} \delta_{Y_i}$ ein PPP auf $\mathbb{R}$, dessen Indensitätsmaß ν das Lebesguemaß ist. Seien Z_i, $i \geq 1$, unabhängige, identisch verteilte reellwertige Zufallsvariable, die auch unabhängig von Π sind. Zeigen Sie: $\Pi' = \sum_{i \geq 1} \delta_{Y_i + Z_i}$ ist wie Π verteilt.

  Hinweis: Betrachten Sie auch den PPP $\sum_{i \geq 1} \delta_{Y_i, Y_i + Z_i}$.

8. Sei X ein stabiler Subordinator vom Index α und $\gamma \geq 0$. Zeigen Sie, dass $\mathbf{E}[X_t^\gamma] < \infty$ genau dann erfüllt ist, wenn $\gamma < \alpha$ gilt.

9. Zeigen Sie

$$\mathbf{E}[e^{-\lambda T_u}] = e^{-\sqrt{2\lambda}\, u}$$

für $\lambda \geq 0$ und die Treffzeit T_u bei einer standard Brownschen Bewegung W.

  Hinweis: Benutzen Sie, dass $e^{\sqrt{2\lambda}\, W_t - \lambda t}$, $t \geq 0$, ein Martingal ist.

10. Sei $(X_t)_{t \geq 0}$ ein Subordinator mit Lévymaß μ.

(i) Beweisen Sie für $\lambda \geq 0$ die Formel

$$\mathbf{E}[e^{-\lambda X_t}] = \exp\left(t \int_0^\infty (e^{-\lambda h} - 1)\, \mu(dh) \right).$$

  Hinweis: Benutzen Sie (4.5).

(ii) Zeigen Sie für den stabilen Subordinator (X_t) vom Index α die Formel

$$\mathbf{E}[e^{-\lambda X_t}] = \exp\left(-\theta \alpha^{-1} \Gamma(1 - \alpha) \lambda^\alpha t \right).$$

11 Gamma-Subordinator. Sei $(X_t)_{t \geq 0}$ ein Subordinator mit dem Lévymaß $\mu(dh) = \frac{e^{-h}}{h}\, dh$. Zeigen Sie, dass X_t Gamma$(t, 1)$-verteilt ist, d. h., die Dichte

$$\mathbf{P}(X_t \in da) = \frac{1}{\Gamma(t)} a^{t-1} e^{-a}\, da$$

hat.

Hinweis: Rechnen Sie mit Laplace-Transformierten und benutzen Sie

$$\int_0^\infty (e^{-\lambda h} - 1) e^{-h} \frac{dh}{h} = \int_0^\infty \int_1^{\lambda+1} e^{-hx} \, dx \, dh = -\log(\lambda + 1) .$$

12. Seien $\sum_{i \geq 1} \delta_{Y_i}$ die Punkte eines homogenen PPP mit Intensität $\theta > 0$ auf $\mathbb{R}_+$, und seien Z_i, $i \geq 1$, unabhängige Exp(1)-verteilte Zufallsvariable. Zeigen Sie, dass die Zufallsvariable

$$\sum_{i \geq 1} e^{-Y_i} Z_i$$

Gamma$(\theta, 1)$-verteilt ist.

Hinweis: Betrachten Sie auch den PPP $\sum_{i \geq 1} \delta_{(Y_i, Z_i)}$ und die Abbildung $\varphi(y, z) := e^{-y} z$.

Markovprozesse

5

In Kap. 2 haben wir Markovketten in diskreter Zeit und mit abzählbarem Zustandsraum behandelt. Die nun betrachteten Markovprozesse verallgemeinern dies in zweierlei Hinsicht. Erstens geht man zu einem kontinuierlichen Zeitparameter über und zweitens beschränkt man sich nicht mehr auf abzählbare Zustandsräume. Dies ergibt wesentliche Veränderungen. Ein neues Phänomen sind Explosionen, die wir am Beispiel der Geburts- und Todesprozesse behandeln.

Ein anderer Sachverhalt ist, dass man nun zwischen markovschen und stark markovschen Prozessen unterscheiden muss: Die Markoveigenschaft für deterministische Zeitpunkte verallgemeinert sich nicht mehr (wie bei Markovketten) automatisch auf beliebige Stoppzeiten. Es sind die starken Markovprozesse, die einen vernünftigen Untersuchungsgegenstand ausmachen. Zu ihnen gehört die wichtige Klasse der Fellerprozesse.

Da Markovketten einen diskreten Zeitparameter besitzen, kann man sie durch ihre Übergangsmatrix beschreiben. Bei Markovprozessen ist dies aufgrund der kontinuierlichen Zeit nicht mehr so einfach möglich. Ersatzweise steht der *Generator* zur Verfügung, auf den wir erst für endliche Zustandsräume und später in großer Allgemeinheit eingehen.

Dieses Kapitel behandelt grundlegende Begriffe für Markovprozesse. Auf allgemeine Methoden zur Konstruktion, etwa durch Lösen von stochastischen Gleichungen oder „Martingalproblemen", können wir hier nicht eingehen.

5.1 Markovprozesse mit endlichem Zustandsraum

Markovprozesse $X = (X_t)_{t \geq 0}$ mit einem endlichen Zustandsraum S erweisen sich als Liaison von zeitdiskreten Markovketten und Poissonprozessen. Die eben angesprochenen Unterschiede kommen hier noch nicht zum Tragen. Wir betrachten nur den zeitlich homogenen Fall, bei dem die bedingten Wahrscheinlichkeiten $\mathbf{P}(X_{s+t} = b \mid X_s = a)$ von s unabhängig sind, d. h., für $s, t \geq 0$

$$\mathbf{P}(X_{s+t} = b \mid X_s = a) = \mathbf{P}_a(X_t = b) \tag{5.1}$$

G. Kersting, A. Wakolbinger, *Stochastische Prozesse*, Mathematik Kompakt, DOI 10.1007/978-3-7643-8433-3_5, © Springer Basel 2014

gilt. Der Index a zeigt wieder an, dass rechter Hand der Startwert a ist. An die Stelle der Übergangsmatrix P einer Markovkette und ihrer Potenzen treten nun die Übergangsmatrizen

$$P^t = (P^t_{ab})_{a,b \in S}\,, \quad t \geq 0\,,$$

mit den Übergangswahrscheinlichkeiten

$$P^t_{ab} := \mathbf{P}_a(X_t = b)\,.$$

Es folgt $P^0_{aa} = 1$ sowie

$$\mathbf{P}_a(X_{s+t} = b) = \sum_{x \in S} \mathbf{P}_a(X_s = x, X_{s+t} = b)$$
$$= \sum_{x \in S} \mathbf{P}_a(X_s = x)\mathbf{P}_a(X_{s+t} = b \mid X_s = x)\,,$$

also nach (5.1)

$$P^{s+t}_{ab} = \sum_{x \in S} P^s_{ax} P^t_{xb}\,.$$

Man spricht von der *Chapman[1]-Kolmogorov[2]-Gleichung*. In Matrixschreibweise erhalten wir für $s, t \geq 0$

$$P^{s+t} = P^s P^t \text{ sowie } P^0 = I\,,$$

wobei I die Einheitsmatrix bezeichne. Man sagt, dass die Übergangsmatrizen eine *Halbgruppe* bilden.

Mit diesen Gleichungen ist die Markoveigenschaft aber noch nicht vollständig erfasst. Analog zu Markovketten fordern wir, dass für $0 = s_0 < s_1 < s_2 < \cdots < s_k$ und $t_i = s_i - s_{i-1}$, $1 \leq i \leq k$, die Gleichung

$$\mathbf{P}(X_{s_0} = a_0, X_{s_1} = a_1, \ldots, X_{s_k} = a_k) = \mathbf{P}(X_0 = a_0)P^{t_1}_{a_0 a_1} \cdots P^{t_k}_{a_{k-1} a_k} \tag{5.2}$$

gilt. Sie zieht (5.1) nach sich.

Auch wollen wir die Möglichkeit völlig irregulärer Pfade ausschließen. Ein solcher Fall liegt z. B. vor, wenn die X_t, $t \geq 0$, unabhängige, identisch verteilte Zufallsvariable sind.

---

[1] SYDNEY CHAPMAN, *1888 bei Manchester, †1970 Boulder, Colorado. Mathematiker und Geophysiker.

[2] ANDREI N. KOLMOGOROV, *1903 Tambow, †1987 Moskau. Mathematiker mit bahnbrechenden Beiträgen zur Komplexitätstheorie, Turbulenz, Topologie, Fourieranalyse, zu dynamischen Systemen und insbesondere auch zur Wahrscheinlichkeitstheorie, die er 1933 axiomatisch fundierte.

Zwar ist dann die Markoveigenschaft (5.2) mit den Übergangswahrscheinlichkeiten $P_{ab}^t =$ $\mathbf{P}(X_0 = b)$ für $t > 0$ erfüllt, jedoch zeigen die Pfade ein unkontrollierbares Sprungverhalten. Demgegenüber nehmen wir an, dass der Prozess zu zufälligen Zeiten

$$0 < \sigma_1 \leq \sigma_2 \leq \cdots , \quad \sigma_k := \inf\{t > \sigma_{k-1} : X_t \neq X_{t-}\}$$

(mit $\sigma_0 := 0$) den Zustand wechselt, wobei $\sigma_n \uparrow \infty$ f.s. gilt. Man durchläuft also der Reihe nach die Zustände $X_0, X_{\sigma_1}, X_{\sigma_2}, \ldots$ Eingeschlossen ist der Fall, dass es nur endlich viele Zustandswechsel gibt, dass der Prozess also einen Zustand erreicht, den er nicht mehr verlässt. Dann gilt $\sigma_k = \sigma_{k+1} = \cdots = \infty$ ab einem gewissen $k \in \mathbb{N}$, vorher gilt strikte Ungleichung zwischen den Sprungzeiten. Die Pfade von X sind stückweise konstant und rechtsstetig. Insbesondere folgt $\mathbf{P}_a(X_h = b) \to 1$ oder 0 für $h \to 0$, je nachdem ob $b = a$ oder $b \neq a$ gilt. Wir erhalten also zunächst einmal

$$P^h \to I \quad \text{für } h \to 0 \, .$$

Wie lassen sich diese Prozesse beschreiben und charakterisieren? Ein naheliegender Ansatzpunkt ist die Beobachtung, dass für jedes $h > 0$ die Zufallsvariablen

$$Z_n^h := X_{nh} \, , \quad n \geq 0 \, ,$$

eine Markovkette mit Übergangsmatrix P^h bilden. Der direkte Grenzübergang $h \to 0$ ist mit $P^h \to I$ wenig informativ. Daher fassen wir die Sprungzeiten

$$0 < \tau_1^h \leq \tau_2^h \leq \cdots , \quad \tau_k^h := \min\{n > \tau_{k-1}^h : Z_n^h \neq Z_{n-1}^h\}$$

ins Auge. Wieder kann τ_k^h den Wert ∞ annehmen. Offenbar gilt $\sigma_k \leq h\tau_k^h$. Aufgrund der Pfadeigenschaften gilt $h\tau_k^h \to \sigma_k$ für $h \to 0$. Dies impliziert $Z_{\tau_k^h}^h = X_{\sigma_k}$ für ausreichend kleines h.

Wir untersuchen nun σ_1 mithilfe von τ_1^h. Sei $a \in S$ der Startzustand. Für $r \in \mathbb{N}$ gilt nach (5.2)

$$\mathbf{P}_a(\tau_1^h > r) = \mathbf{P}_a(Z_0^h = Z_1^h = \cdots = Z_r^h = a) = (P_{aa}^h)^r \, .$$

Wir unterscheiden zwei Fälle:

Entweder es gilt $P_{aa}^h = 1$ für alle $h > 0$. Dann gilt $\tau_1^h > r$ f.s. für alle r, also $\tau_1^h = \infty$ f.s. für alle $h > 0$, und es folgt $\sigma_1 = \infty$ f.s. In diesem Fall nennt man a einen *absorbierenden Zustand*.

Oder es gilt $P_{aa}^h < 1$ für ein $h > 0$. Dann ist τ_1^h geometrisch verteilt mit Erfolgswahrscheinlichkeit $1 - P_{aa}^h$. Wegen $\sigma_1 \leq h\tau_1^h$ folgt $\sigma_1 < \infty$ f.s. Wegen $h\tau_1^h \to \sigma_1$ f.s. folgt, dass τ_1^h geometrisch verteilt ist für alle $h > 0$, die ausreichend klein sind. Als Grenzvariable ist dann σ_1 exponentialverteilt, den Parameter bezeichnen wir mit λ_a. Insbesondere gilt

$$e^{-\lambda_a} = \mathbf{P}_a(\sigma_1 > 1) = \lim_{h \to 0} \mathbf{P}_a(\tau_1^h > h^{-1}) = \lim_{h \to 0} (P_{aa}^h)^{1/h} \, .$$

Der Vergleich mit $e^{-\lambda_a} = \lim_{h \to 0}(1 - \lambda_a h)^{1/h}$ zeigt, dass

$$P_{aa}^h = 1 - \lambda_a h + o(h) \quad \text{für } h \to 0 \,. \tag{5.3}$$

Im Fall eines absorbierenden Zustands a setzen wir $\lambda_a = 0$, dann bleibt die Aussage auch in diesem Fall gültig.

In einem weiteren Schritt untersuchen wir die gesamte Folge $\sigma_1, \sigma_2, \ldots$ Es gilt für $a_0 \neq a_1$, $a_1 \neq a_2, \ldots, a_{k-1} \neq a_k$ und $0 < n_1 < \cdots < n_k < \infty$ nach (5.2)

$$\mathbf{P}_{a_0}(\tau_1^h = n_1, Z_{n_1}^h = a_1, \ldots, \tau_k^h = n_k, Z_{n_k}^h = a_k)$$
$$= (P_{a_0 a_0}^h)^{n_1 - 1} P_{a_0 a_1}^h \cdots (P_{a_{k-1} a_{k-1}}^h)^{n_k - n_{k-1} - 1} P_{a_{k-1} a_k}^h \,.$$

Setzen wir für einen nichtabsorbierenden Zustand a

$$\widetilde{P}_{ab}^h = \begin{cases} \frac{P_{ab}^h}{1 - P_{aa}^h} \,, & \text{falls } b \neq a \\ 0 \,, & \text{falls } b = a \end{cases} \,, \tag{5.4}$$

so erhalten wir für beliebige nichtabsorbierende Zustände $a_0, \ldots, a_n$

$$\mathbf{P}_{a_0}(\tau_1^h = n_1, Z_{n_1}^h = a_1, \ldots, \tau_k^h = n_k, Z_{n_k}^h = a_k)$$
$$= \mathbf{P}_{a_0}(\tau_1^h = n_1)\widetilde{P}_{a_0 a_1}^h \cdots \mathbf{P}_{a_{k-1}}(\tau_1^h = n_k - n_{k-1})\widetilde{P}_{a_{k-1} a_k}^h \,.$$

Diese Gleichung besagt das Folgende: Die Zufallsvariablen $Z_0^h, Z_{\tau_1^h}^h, Z_{\tau_2^h}^h, \ldots$ bilden eine Markovkette mit Übergangsmatrix $\widetilde{P}^h$. Sie bricht ab, falls ein absorbierender Zustand erreicht wird. Bedingt man auf die Werte $a_0, a_1, \ldots$ dieser Markovkette, so sind die Wartezeiten $\tau_1^h, \tau_2^h - \tau_1^h, \ldots$ unabhängige, geometrisch verteilte Zufallsvariablen zu den Erfolgswahrscheinlichkeiten $1 - P_{a_0 a_0}^h, 1 - P_{a_1 a_1}^h, \ldots$

Für einen nichtabsorbierenden Zustand a setzen wir nun auch

$$\widetilde{P}_{ab} := \mathbf{P}_a(X_{\sigma_1} = b) \,, \quad b \in S \,. \tag{5.5}$$

Für $h \to 0$ gilt dann $\mathbf{P}_a(Z_{\tau_1^h}^h = b) \to \mathbf{P}_a(X_{\sigma_1} = b)$ nach dem Satz von der dominierten Konvergenz, d. h.,

$$\widetilde{P}^h \to \widetilde{P} \,.$$

Zusammenfassend ergibt also der Grenzübergang $h \to 0$: Die Zufallsvariablen $Z_0 = X_0, Z_1 = X_{\sigma_1}, Z_2 = X_{\sigma_2}, \ldots$ bilden eine Markovkette mit Übergangsmatrix $\widetilde{P}$. Sie bricht ab, falls ein absorbierender Zustand erreicht wird. Gegeben die Werte $a_0, a_1, \ldots$ dieser Markovkette sind die Wartezeiten $\sigma_1, \sigma_2 - \sigma_1, \ldots$ unabhängige, exponentialverteilte Zufallsvariablen zu den Parametern $\lambda_{a_0}, \lambda_{a_1}, \ldots$ Die Folge $(Z_n)_{n \geq 0}$ heißt die *in X eingebettete*

Markovkette. Mit ihr und den Wartezeiten ist die Dynamik des Prozesses X vollständig erfasst. Sie ist festgelegt durch die Parameter λ_a und die Übergangswahrscheinlichkeiten $\widetilde{P}_{ab}$.

Angesichts von (5.4) und (5.5) ergänzen wir nun (5.3) durch

$$P_{ab}^h = (1 - P_{aa}^h)\widetilde{P}_{ab}^h = \lambda_a \widetilde{P}_{ab} h + o(h)$$

für $h \to 0$. Diese Beziehung gilt auch für einen absorbierenden Zustand a. Zwar sind die Übergangswahrscheinlichkeiten $\widetilde{P}_{ab}$ dann nicht definiert, wegen $\lambda_a = 0$ stört das aber nicht. Diese asymptotischen Gleichungen fasst man zu der Aussage

$$\tfrac{1}{h}(P^h - I) \to Q \qquad (5.6)$$

zusammen, wobei die Matrix $Q = (q_{ab})$ gegeben ist durch

$$q_{ab} = \begin{cases} -\lambda_a\,, & \text{falls } b = a\,, \\ \lambda_a \widetilde{P}_{ab}\,, & \text{falls } b \neq a\,. \end{cases}$$

Für absorbierende Zustände a ist $q_{ab} = 0$ für alle b. Man sagt, dass Q der *Generator* der Halbgruppe (P^t) ist. Eine andere Schreibweise für (5.6) ist

$$\mathbf{P}_a(X_h = b) = q_{ab} h + o(h) \quad \text{für } a \neq b$$

sowie wegen $\mathbf{P}_a(X_h \neq a) = 1 - P_{aa}^h$

$$\mathbf{P}_a(X_h \neq a) = -q_{aa} h + o(h)$$

für $h \to 0$. Man sagt, q_{ab} ist die *Sprungrate* von a nach $b(\neq a)$, und $-q_{aa}$ ist die *Wegsprungrate* von a.

Es erfüllt also Q die Eigenschaften

$$q_{aa} \leq 0\,, \quad q_{ab} \geq 0 \text{ für } a \neq b\,, \quad \sum_{b \in S} q_{ab} = 0\,.$$

Eine Matrix Q mit diesen Eigenschaften nennt man kurz eine „Q-Matrix". Aus ihr bestimmt sich umgekehrt

$$\lambda_a = -q_{aa}\,, \quad \text{sowie } \widetilde{P}_{ab} = -\frac{q_{ab}}{q_{aa}} \text{ für } q_{aa} \neq 0, b \neq a\,.$$

Auch die Q-Matrix legt also die Dynamik des Prozesses X vollständig fest. Insbesondere gelingt die Bestimmung der Übergangsmatrizen P^t aus Q mithilfe geeigneter Differentialgleichungen: Für $h > 0$ gilt

$$\tfrac{1}{h}(P^{t+h} - P^t) = \tfrac{1}{h}(P^h - I)P^t = P^t\big(\tfrac{1}{h}(P^h - I)\big)$$

sowie, sofern $t \geq h$,

$$\tfrac{1}{h}\left(P^t - P^{t-h}\right) = \tfrac{1}{h}\left(P^{t+h} - P^t\right) - \tfrac{1}{h}\left(P^h - I\right)\left(P^h - I\right)P^{t-h} .$$

Der letzte Term ist nach (5.6) von der Größenordnung $O(h)$, der Grenzübergang $h \to 0$ ergibt also

$$\tfrac{d}{dt}P^t = QP^t = P^tQ .$$

Dies ist ein lineares Gleichungssystem erster Ordnung mit dem Startwert $P^0 = I$, daher ist bekanntlich die Lösung eindeutig. Wir halten fest, dass Q die Matrizen P^t eindeutig festlegt. Die Lösung lässt sich, wie man aus der Analysis weiß, in der Gestalt

$$P^t = e^{tQ} := \sum_{k=0}^{\infty} \frac{t^k}{k!}Q^k$$

schreiben (Übung). Explizitere Lösungen stehen nur ausnahmsweise zur Verfügung.

Es kommutieren also die Matrizen P^t und Q. Dies beruht darauf, dass man die Matrix P^t als $P^h P^{t-h}$ oder als $P^{t-h}P^h$ zerlegen kann. Dies ist im nachfolgenden Bild für die Wahrscheinlichkeit $\mathbf{P}_a(X_t = b)$ dargestellt. Die Pfade werden (gesehen vom Zeitpunkt t) in der Vergangenheit bzw. in der Gegenwart zerlegt.

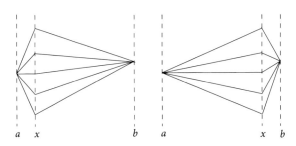

Die Gleichungen $\tfrac{d}{dt}P^t = QP^t$ und $\tfrac{d}{dt}P^t = P^tQ$ heißen deswegen Kolmogorovs *Rückwärtsgleichung* und *Vorwärtsgleichung*. In die Rückwärtsgleichung

$$\frac{d}{dt}\mathbf{P}_a(X_t = b) = \sum_{x \in S} q_{ax}\mathbf{P}_x(X_t = b)$$

gehen bei festem Zielpunkt b alle Startpunkte ein. Ihr kann noch eine andere durchsichtige Gestalt gegeben werden: Aufgrund von $q_{aa} = -\lambda_a$ ist sie äquivalent zu

$$\frac{d}{dt}\left(e^{\lambda_a t}\mathbf{P}_a(X_t = x)\right) = e^{\lambda_a t}\sum_{x \neq a} q_{ax}\mathbf{P}_x(X_t = b)$$

bzw. wegen $P_a(X_0 = b) = \delta_{ab}$ (nach Integration und Umkehrung des Integrationsweges) äquivalent zu

$$\mathbf{P}_a(X_t = b) = e^{-\lambda_a t}\delta_{ax} + \sum_{x \neq a} \int_0^t e^{-\lambda_a s} q_{ax} \mathbf{P}_x(X_{t-s} = b)\, ds \, .$$

Diese Gleichung ist leicht zu interpretieren: $e^{-\lambda_a s}$ ist die Wahrscheinlichkeit, dass bei Start in a bis zum Zeitpunkt s keine Zustandsänderung stattfindet, $q_{ab}\, ds$ die Wahrscheinlichkeit, dann im Zeitintervall ds von s nach x zu gelangen, und $\mathbf{P}_x(X_{t-s} = b)$ die Wahrscheinlichkeit, in der verbleibenden Zeit $t - s$ dann b zu erreichen. Im Fall $a = b$ ist auch die Möglichkeit zu berücksichtigen, dass bis zum Zeitpunkt t überhaupt kein Sprung stattfindet. – Die Rückwärtsgleichung ist also eine *Zerlegung beim ersten Sprung*.

Der Vorwärtsgleichung

$$\frac{d}{dt}\mathbf{P}_a(X_t = b) = \sum_{x \in S} \mathbf{P}_a(X_t = x) q_{xb}$$

kann man genauso (wegen $q_{bb} = -\lambda_b$) die Darstellung

$$\mathbf{P}_a(X_t = b) = e^{-\lambda_b t}\delta_{ab} + \sum_{x \neq b} \int_0^t \mathbf{P}_a(X_s = x) q_{xb} e^{-\lambda_b(t-s)}\, ds$$

geben und als *Zerlegung beim letzten Sprung* vor t auffassen (hier ist unerheblich, dass der erste Sprung sehr wohl eine Stoppzeit ist, der letzte Sprung vor t jedoch nicht). Nun gehen bei festem Startpunkt a alle Zielpunkte ein. Allgemeiner gilt

$$\frac{d}{dt}\mathbf{P}(X_t = b) = \sum_{x \in S} \mathbf{P}(X_t = x) q_{xb}$$

bei beliebiger Startverteilung ρ, denn $\mathbf{P}(X_t = b) = \sum_a \rho_a \mathbf{P}_a(X_t = b)$. Deswegen kann man die Vorwärtsgleichung als Gleichung für die Verteilung von X_t auffassen, bei gegebener Startverteilung. Insbesondere erfüllt eine *stationäre Startverteilung* $\pi = (\pi_a)$ (also eine Startverteilung, bei der die Wahrscheinlichkeiten $\mathbf{P}(X_t = b)$ nicht von t abhängen) die Gleichung

$$\sum_{a \in S} \pi_a q_{ab} = 0 \,, \quad \text{bzw.} \quad \pi Q = 0 \, .$$

Umgekehrt: Erfüllt ein W-Maß π diese Gleichungen, so ist es eine stationäre Verteilung des Prozesses, weil dann $\mathbf{P}(X_t = b) = \pi_b$ die Vorwärtsgleichung löst.

Wir können nun zu jeder Q-Matrix Q einen zugehörigen markovschen Sprungprozess X konstruieren. Entweder benutzen wir dazu den eingebetteten Prozess $(Z_n)_n$, in den wir passende unabhängige exponentielle Wartezeiten einpassen. Eine nützliche Alternative ist die „grafische Konstruktion" des Prozesses aus einem Poissonschen Punktprozess, auf die wir abschließend eingehen.

Bei dieser Konstruktion erhält man X für alle Startzustände a gleichzeitig. Ausgangspunkt ist ein Punktprozess

$$\Pi = \sum_{i \geq 1} \delta_{Y_i} \, , \quad \text{mit } Y_i = (T_i, A_i, B_i)$$

auf dem Raum

$$\mathcal{S} = \mathbb{R}^+ \times \{(a, b) : a, b \in S, a \neq b\} \, .$$

Der Prozess X ergibt sich dann so: Man wähle einen Startwert a und betrachte dasjenige $j \in \mathbb{N}$, für das $A_j = a$ und außerdem $T_j = \min\{T_i : A_i = a\}$ ist. Dann setzt man $\sigma_1 = T_j$, $X_t = a$ für $t < \sigma_1$ und $X_{\sigma_1} = B_j$. Falls kein j mit dieser Eigenschaft existiert, wird der Zustand a niemals verlassen. Ausgehend vom neu eingenommenen Zustand wird dann der Konstruktionsschritt wiederholt. Dabei braucht nicht jeder Punkt Y_i ins Spiel zu kommen.

Das Bild zeigt links eine Realisation des Punktprozesses mit $S = \{1, 2, 3, 4, 5\}$. Jeder Pfeil steht für ein Paar (A_i, B_i), mit Pfeilspitze in Richtung B_i. Rechts sieht man die zugehörigen Realisationen des Prozesses X bei Start in 1, 2 und 5.

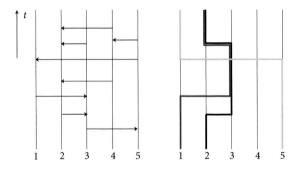

Um zu einem Markovprozess mit Q-Matrix Q zu gelangen, wählt man Π als Poissonschen Punktprozess mit Intensitätsmaß ι, gegeben durch

$$\iota\big([s, t] \times \{a, b\}\big) := (t - s)q_{ab} \quad \text{für } 0 \leq s < t \, , \ a \neq b \, .$$

In Worten ausgedrückt bedeutet dies, dass für ein Paar (a, b) mit $a \neq b$ die Punkte mit Rate q_{ab} erscheinen, und zwar unabhängig von Paar zu Paar. Die Unabhängigkeitseigenschaften von Π ergeben dann unmittelbar, dass der zugehörige Prozess X die Markoveigenschaft (5.2) erfüllt.

5.2 Geburts- und Todesprozesse

Der Übergang zu Markovprozessen mit abzählbarem Zustandsraum S und einer zugehörigen Q-Matrix mag nun klein erscheinen, es kommt jedoch ein neues Phänomen ins Spiel, die Möglichkeit von Explosionen.

Wir beschränken uns hier auf eine besonders wichtige Klasse von Markovprozessen, die *Geburts- und Todesprozesse*. Der Zustandsraum ist nun $S = \mathbb{N}_0$. Als Zustandswechsel lassen wir in S nur Sprünge der Größe 1 zu benachbarten Zahlen zu. Der Ausgangspunkt unserer Betrachtungen ist also eine Q-Matrix von tridiagonaler Gestalt

$$
Q = \begin{pmatrix}
-\lambda_0 & \gamma_0 & & & 0 \\
\delta_1 & -\lambda_1 & \gamma_1 & & \\
& \delta_2 & -\lambda_2 & \gamma_2 & \\
0 & & \ddots & \ddots & \ddots
\end{pmatrix}.
$$

λ_a ist wieder der Parameter einer exponentiellen Wartezeit in $a \in \mathbb{N}_0$, die Rate, mit der eine Veränderung eintritt. Mit Rate γ_a findet ein positiver Sprung („Geburt") statt und mit Rate δ_a ein negativer („Tod"). Analog zum Fall endlicher Zustandsräume gilt

$$
\lambda_a = \gamma_a + \delta_a \, .
$$

Vom Zustand 0 springt der Prozess immer nach 1, d. h., es gilt $\lambda_0 = \gamma_0$ bzw. $\delta_0 = 0$. Wir nehmen $\gamma_a > 0$ für $a \geq 1$ an, dann ist höchstens der Zustand 0 absorbierend. Gilt $\delta_a = 0$ für alle $a \geq 0$, gibt es also nur positive Sprünge, so spricht man von einem *reinen Geburtsprozess*.

Wir können nun einen zugehörigen Geburts- und Todesprozess $X = (X_t)_{t \geq 0}$ wie im vorigen Abschnitt aus der eingebetteten Markovkette $(Z_n)_{n \geq 0}$ mit Übergangswahrscheinlichkeiten

$$
\widetilde{P}_{a,a+1} = p_a := \frac{\gamma_a}{\lambda_a} \, , \quad \widetilde{P}_{a,a-1} = q_a := \frac{\delta_a}{\lambda_a}
$$

sowie passend gewählten exponentiellen Wartezeiten konstruieren. Diese Markovkette ist ein *diskreter* Geburts- und Todesprozess im Sinne von (2.9). – Alternativ können wir zur Konstruktion von X auch einen Poissonschen Punktprozess benutzen.

Beispiele

1. Im Fall $\delta_a = 0$, $\lambda_a = \gamma_a = \lambda$ entsteht der *Poissonprozess* mit Rate λ.

2. Für eine Population, in der jedes Individuum mit Rate γ einen Nachkommen bekommt und mit Rate δ stirbt (und zwar unabhängig von den anderen Individuen und von der Vorgeschichte), kann man die Gesamtgröße X_t zur Zeit t als Geburts- und Todesprozess mit Raten

$$
\gamma_a = \gamma a \, , \quad \delta_a = \delta a
$$

modellieren, dann sind Geburts- und Todesraten proportional zur Populationsgröße. Im Fall $\delta = 0$ eines reinen Geburtsprozesses spricht man von einem *Yuleprozess*[3].

3. In der Warteschlangentheorie betrachtet man Geburts- und Todesprozesse mit Raten

$$\gamma_a = \gamma, \quad \delta_a = \delta \min(a, c)$$

mit Parametern $\gamma, \delta > 0$ und einer natürlichen Zahl c. X_t gibt dann die Länge einer Warteschlange zur Zeit t an. Die Vorstellung bei einer solchen *M/M/c-Warteschlange* ist, dass mit konstanter Rate γ sich neue Personen in die Schlange einreihen. Bedient wird an c Schaltern mit Rate δ, die aber nur dann alle tätig sind, wenn in der Warteschlange mindestens c Personen stehen.

Man kann nun bekannte Begriffe wie Rekurrenz und Transienz aus der Theorie der Markovketten (mit diskretem Zeitparameter) auf Geburts- und Todesprozesse und allgemeiner auf Markovprozesse mit abzählbarem Zustandsraum übertragen. Wir gehen darauf in den Aufgaben ein.

Bei Geburts- und Todesprozessen auf $\mathbb{N}_0$ entsteht (anders als im Fall eines endlichen Zustandsraumes) eine neue Möglichkeit: Die Kette (Z_n) kann aus lauter transienten Zuständen bestehen, sodass mit positiver Wahrscheinlichkeit $Z_n \to \infty$ eintritt. Darüber entscheiden allein die Parameter $\widetilde{P}_{a,a+1}, \widetilde{P}_{a,a-1}$. Außerdem können die Sprungraten λ_a mit $a \to \infty$ so schnell wachsen und folglich die Wartezeiten zwischen den Sprüngen so schnell gegen 0 gehen, dass die Sprungzeiten $0 < \sigma_1 < \sigma_2 < \cdots$ einen Grenzwert

$$\sigma_\infty := \lim_{k \to \infty} \sigma_k$$

besitzen, der mit positiver Wahrscheinlichkeit einen *endlichen* Wert annimmt. In diesem Fall ist der Prozess X noch nicht vollständig konstruiert, man muss präzisieren, wie es mit X nach dem Zeitpunkt σ_∞ weitergeht. Man spricht dann von einer *Explosion*.

Wir wollen diese Überlegungen präzisieren, indem wir ein Kriterium für Explosionen ableiten. Dazu konzentrieren wir uns auf einen speziellen Fall: Der Startpunkt sei der Zustand 1, und es gelte $\delta_1 = 0$. (Damit wird der Zustand 0 nicht erreicht, und wir brauchen nicht zu beachten, ob λ_0 gleich 0 ist oder nicht.)

Wir betrachten die Treffzeiten

$$\tau_b := \inf\{t > 0 : X_t = b\}$$

und die Erwartungswerte

$$e(b) := \mathbf{E}_b[\tau_{b+1}].$$

Für $b \geq 2$ erfüllen sie offenbar die Gleichungen $e(b) = \frac{1}{\lambda_b} + \widetilde{P}_{b,b-1}(e(b-1) + e(b))$ bzw.

$$\widetilde{P}_{b,b+1} e(b) = \frac{1}{\lambda_b} + \widetilde{P}_{b,b-1} e(b-1) \tag{5.7}$$

---

[3] GEORGE UDNY YULE, *1871 Morham, Schottland, †1951 Cambridge. Statistiker mit einflussreichen Arbeiten u. a. zur Zeitreihenanalyse.

und nach Multiplikation mit λ_b

$$\gamma_b e(b) = 1 + \delta_b e(b-1) \,,$$

außerdem gilt wegen $\delta_1 = 0$

$$e(1) = \frac{1}{\gamma_1} \,. \tag{5.8}$$

Es sind alle $e(b)$ für $b \geq 1$ endlich und durch diese Gleichungen eindeutig bestimmt. Wie eine kurze Rechnung zeigt, ist die Lösung gleich

$$e(b) = \sum_{a=1}^{b} \pi_{ab} \,, \tag{5.9}$$

dabei setzen wir für $1 \leq a \leq b$

$$\pi_{ab} := \frac{\delta_{a+1}\cdots\delta_b}{\gamma_a\cdots\gamma_b} \,, \quad \text{insbesondere } \pi_{bb} = \frac{1}{\gamma_b} \,.$$

Unter Beachtung von $\sigma_\infty = \lim_{b\to\infty} \tau_b$ folgt

$$\mathbf{E}_1[\sigma_\infty] = \sum_{b=1}^{\infty} e(b) = \sum_{1\leq a\leq b<\infty} \pi_{ab} \,. \tag{5.10}$$

Wenn diese Reihe konvergiert, gilt $\sigma_\infty < \infty$ f.s., womit der Prozess f.s. explodiert.
    Dies führt uns zu folgendem Satz.

Satz 5.1 *Der Startpunkt des Prozesses sei nichtabsorbierend. Äquivalent zu der Eigenschaft, dass sich f.s. keine Explosion ereignet, ist die Bedingung*

$$\sum_{1\leq a\leq b<\infty} \pi_{ab} = \infty \,.$$

Bevor wir den Satz beweisen, verdeutlichen wir ihn an zwei Beispielen.

Beispiele

1. Sei $\sum_{b=1}^{\infty} \pi_{1b} = \infty$. Dann divergiert die Reihe, und es gibt f.s. keine Explosion. Dies leuchtet ein, weil die Divergenz von $\sum_{b=1}^{\infty} \pi_{1b}$ unter Berücksichtigung von (2.10) bedeutet, dass 1 ein rekurrenter Zustand der eingebetteten Markovkette ist, er wird folglich unendlich oft besucht. X verbringt dann unendlich lange Zeit im Zustand 0.

2. Wegen $\pi_{aa} = 1/\gamma_a$ ist

$$\sum_{a=1}^{\infty} \frac{1}{\gamma_a} = \infty$$

eine hinreichende Bedingung für den Ausschluss von Explosionen. Sie ist völlig einsichtig, da die Zeit vom erstmaligen Erreichen von a bis zum ersten Verlassen von a in Erwartung gleich γ_a^{-1} ist. Sie wird unter der Zusatzannahme

$$\delta_a \le (1-\varepsilon)\gamma_a \quad \text{für ein } \varepsilon > 0 \,,$$

zur notwendigen Bedingung. Die eingebettete Kette besitzt wegen $q_a \le (1-\varepsilon)p_a$ also eine positive Drift. Dann folgt

$$\pi_{ab} \le \frac{1}{\gamma_a}(1-\varepsilon)^{b-a}$$

und damit

$$\frac{1}{\gamma_a} \le \sum_{b=a}^{\infty} \pi_{ab} \le \frac{1}{\gamma_a \varepsilon} \,.$$

Beweis von Satz 5.1 Sei wieder $\delta_1 = 0$ und 1 der Startpunkt. (Wir überlassen es dem Leser, sich zu überlegen, wie man andere Fälle auf diese Situation zurückführt.) Angesichts von (5.10) geht es nur noch darum zu zeigen, dass $E_1[\sigma_\infty] = \infty$ die Aussage $\sigma_\infty = \infty$ f.s. nach sich zieht. Wir benutzen die Filtration, gegeben durch $\mathcal{F}_n = \mathcal{F}(Z_0, Z_1, \ldots, Z_n, \sigma_0, \sigma_1, \ldots, \sigma_n)$, $n \ge 0$, mit $\sigma_0 := 0$.

Wir setzen für $c \in \mathbb{N}$

$$f(c) = \sum_{b=1}^{c-1} e(b) \,,$$

insbesondere $f(1) = 0$, mit $e(b)$ wie in (5.9). f ist monoton wachsend und $f(\infty) = E_1[\sigma_\infty] = \infty$ nach (5.10). Auch gilt

$$E[f(Z_{n+1}) \mid \mathcal{F}_n] = f(Z_n) + \widetilde{P}_{Z_n, Z_n+1} e(Z_n) - \widetilde{P}_{Z_n, Z_n-1} e(Z_n - 1) \,.$$

Nach (5.7) und (5.8) folgt

$$E[f(Z_{n+1}) \mid \mathcal{F}_n] = f(Z_n) + \frac{1}{\lambda_{Z_n}} \,,$$

daher ist durch

$$M_n = f(Z_n) - \sum_{k=0}^{n-1} \frac{1}{\lambda_{Z_k}}$$

ein Martingal $M = (M_n)$ gegeben.

Weiter ist zu vorgegebenem $\alpha > 0$

$$T := \min \left\{ n \geq 0 : \sum_{k=0}^{n} \frac{1}{\lambda_{Z_k}} > \alpha \right\}$$

eine Stoppzeit. Das gestoppte Martingal $(M_{n \wedge T})$ ist dann nach unten durch $-\alpha$ beschränkt (denn die Summe in M_n erstreckt sich nur bis zu $n-1$). Nach dem Martingalkonvergenzsatz ist $M_{n \wedge T}$ f.s. konvergent.

Weiter zieht $\sum_{k=0}^{\infty} \frac{1}{\lambda_{Z_k}} \leq \alpha$ das Ereignis $T = \infty$ und außerdem via $\lambda_{Z_n} \to \infty$ auch $Z_n \to \infty$ nach sich. Damit folgt $M_n \to \infty$ wegen $f(\infty) = \infty$. Dies verträgt sich mit der f.s. Konvergenz von $M_{n \wedge T}$ nur, wenn $\sum_{k=0}^{\infty} \frac{1}{\lambda_{Z_k}} \leq \alpha$ ein Nullereignis ist. Es folgt

$$\sum_{k=0}^{\infty} \frac{1}{\lambda_{Z_k}} = \infty \text{ f.s.}$$

und auch $\sum_{k=0}^{n} \log\left(1 + \frac{1}{\lambda_{Z_k}}\right) \to \infty$ bzw. $\prod_{k=0}^{n} \left(1 + \frac{1}{\lambda_{Z_k}}\right) \to \infty$ f.s. für $n \to \infty$.

Nun gilt $\mathbf{E}[\exp(-\eta)] = (1 + 1/\lambda)^{-1}$ für eine exponentielle Zufallsvariable mit Parameter λ (Übung) und daher

$$\mathbf{E}[\exp(-\sigma_{n+1}) \mid \mathcal{F}_n] = \exp(-\sigma_n)\left(1 + \frac{1}{\lambda_{Z_n}}\right)^{-1} \text{ f.s.}$$

Es folgt, dass $\prod_{k=0}^{n-1} \left(1 + \frac{1}{\lambda_{Z_k}}\right) \exp(-\sigma_n)$, $n \geq 0$, ein Martingal ist. Es ist nicht-negativ und damit f.s. konvergent. Da das Produkt f.s. nach unendlich geht, folgt $\sigma_n \to \infty$ f.s., also die Behauptung. □

Im Fall einer Explosion erweitert man den Zustandsraum S gewöhnlich durch einen zusätzlichen Zustand zu $S' = S \cup \{\partial\}$. Am einfachsten ist es, dann $X_t = \partial$ für $t \geq \sigma_\infty$ zu setzen. Man spricht dann von ∂ als dem „Friedhof". Der resultierende Prozess X heißt die *minimale Lösung* für die Q-Matrix. Es kann viele andere Lösungen geben, bei der der Markovprozess zum Zeitpunkt σ_∞ auf unterschiedliche Weise nach S zurückkehrt. Bei der minimalen Lösung findet keine Rückkehr statt, deswegen sind für sie die Wahrscheinlichkeiten $\mathbf{P}_a(X_t = b)$ für beliebige $a, b \in S$ und $t > 0$ minimal.

5.3 Markovprozesse und Fellerprozesse

Wir kommen nun auf Markovprozesse im Allgemeinen zu sprechen. Dabei betrachten wir Prozesse $X = (X_t)_{t \geq 0}$ mit Werten in einem metrischen Raum S, versehen mit der Borel-σ-Algebra. Weiter setzen wir voraus, dass X f.s. càdlàg-Pfade besitzt, dass also der Pfad $t \mapsto X_t$ mit Wahrscheinlichkeit 1 überall rechtsstetig ist und linksseitige Limiten besitzt. Prototypen für den reellwertigen Fall sind die Brownsche Bewegung und der Poissonprozess. Den

Fall eines endlichen Zustandsraums S schließen wir ein, wenn wir S mit der diskreten Metrik versehen, bei der der Abstand zwischen zwei Punkten entweder 1 oder 0 ist.

Bei einem endlichen Zustandsraum haben wir Übergangsmatrizen zum Ausgangspunkt gemacht, jetzt ersetzen wir die Matrizen durch Operatoren

$$P^t : \mathcal{M}_b \to \mathcal{M}_b$$

auf dem Vektorraum $\mathcal{M}_b = \mathcal{M}_b(S)$ aller beschränkten, messbaren Funktionen $f : S \to \mathbb{R}$.

Definition

Sei $\mathbb{F} = (\mathcal{F}_t)_{t \geq 0}$ eine Filtration, sei X ein adaptierter, S-wertiger Prozess mit càdlàg-Pfaden, und sei (P^t) eine Familie von Operatoren. Dann heißt X ein $\mathbb{F}$-*Markovprozess* mit Übergangsoperatoren $(P^t)_{t \geq 0}$, falls

$$\mathbf{E}[f(X_{s+t}) \mid \mathcal{F}_s] = P^t f(X_s) \text{ f.s.} \tag{5.11}$$

für alle $f \in \mathcal{M}_b$ und $s, t \geq 0$ gilt.

Gleichung (5.11) heißt die *Markoveigenschaft*. Sie besagt, dass ab dem Zeitpunkt s die weitere Entwicklung nur von dem Wert von X_s bestimmt ist. Insbesondere ist sie auch nicht von s abhängig, wir betrachten hier also (zeitlich) *homogene Markovprozesse*. Anders ausgedrückt lautet die Markoveigenschaft

$$\mathbf{P}(X_{s+t} \in B \mid \mathcal{F}_s) = P_t(X_s, B) \text{ f.s.,}$$

mit

$$P_t(a, B) := P^t 1_B(a), \quad a \in S, t \geq 0, B \subset S \text{ Borelsch}.$$

Dies sind dann die *Übergangswahrscheinlichkeiten*.

Wie üblich nehmen wir nun auch noch an, dass wir die *Startverteilung* ρ, also die Verteilung von X_0 beliebig einstellen dürfen. Dies bedeutet, dass alle Wahrscheinlichkeiten von ρ abhängig sind, was wir im Bedarfsfall in der Schreibweise $\mathbf{P}(\cdot) = \mathbf{P}_\rho(\cdot)$ ausdrücken. Gilt insbesondere $X_0 = a$ f.s. für ein $a \in S$, so schreiben wir wieder $\mathbf{P}_a$ bzw. $\mathbf{E}_a$ für Wahrscheinlichkeiten und Erwartungswerte.

Wir können nun die Übergangsoperatoren als Erwartungswerte darstellen: Durch Übergang zum Erwartungswert in (5.11) erhalten wir bei Wahl von a als Startwert und $s = 0$

$$\mathbf{E}_a[f(X_t)] = P^t f(a). \tag{5.12}$$

Es folgt

$$\mathbf{E}_a[f(X_{s+t})] = \mathbf{E}_a[\mathbf{E}[f(X_{s+t} \mid \mathcal{F}_s)] = \mathbf{E}_a[P^t f(X_s)] \tag{5.13}$$

oder $P^{s+t}f(a) = P^s(P^tf)(a)$, und wir erhalten für $s, t \geq 0$

$$P^{s+t} = P^s P^t \quad \text{sowie} \quad P^0 = I$$

mit dem Einheitsoperator I. Die Operatoren bilden also, wie auch schon im Fall eines endlichen Zustandsraumes, eine *Halbgruppe* $P = (P^t)$.

Aufgrund von (5.12) sind die Operatoren aus der Übergangshalbgruppe *linear*, sie sind
positiv, d. h., sie genügen

$$f \geq 0 \quad \Rightarrow \quad P^t f \geq 0 \, ,$$

sie sind *Kontraktionen*, d. h., es gilt

$$\sup |P^t f| \leq \sup |f| \, ,$$

und sie erfüllen $P^t 1 = 1$. Halbgruppen von Operatoren mit diesen Eigenschaften heißen
markovsch.

Für die Übergangswahrscheinlichkeiten ergibt sich aus (5.11) die Darstellung

$$P_t(a, B) = \mathbf{P}_a(X_t \in B) \, .$$

Es sind also $B \mapsto P_t(a, B)$ W-Maße und $a \mapsto P_t(a, B)$ messbare Funktionen; man spricht
von *Übergangskernen*. Die Gleichung (5.13) geht in

$$P_{s+t}(a, B) = \int_S P_s(a, dx)\, P_t(x, B)$$

über. Dies sind die *Chapman-Kolmogorov-Gleichungen*.

▶ **Bemerkung** Wir erwähnen, dass auch die Abbildung $(t, a) \mapsto P^t f(a)$ messbar ist für
alle $f \in \mathcal{M}_b$. Es reicht aus, dies für stetiges f zu zeigen. In diesem Fall ist aufgrund der
càdlàg-Pfade die Abbildung $t \mapsto \mathbf{E}_a[f(X_t)]$ rechtsstetig, was die Behauptung impliziert.
Wir dürfen also Ausdrücke der Gestalt

$$\int_0^\infty q(u) P^u f(a)\, du$$

mit integrierbarer Gewichtsfunktion q bilden. Davon werden wir im nächsten Abschnitt
ausgiebig Gebrauch machen.

Wir kommen nun wieder zur starken Markoveigenschaft. Zur Erinnerung: Eine Zufalls-
variable T mit Werten in $[0, \infty]$ heißt $\mathbb{F}^+$-Stoppzeit, falls $\{T < t\} \in \mathcal{F}_t$ für alle $t > 0$, das
zugehörige Teilfeld ist

$$\mathcal{F}_{T+} = \{E \in \mathcal{F}_\infty : E \cap \{T < t\} \in \mathcal{F}_t \text{ für alle } t > 0\} \, .$$

Definition

Sei $\mathbb{F} = (\mathcal{F}_t)_{t\geq 0}$ eine Filtration und sei X ein $\mathbb{F}$-Markovprozess mit Übergangshalbgruppe (P^t). Dann heißt X ein *starker Markovprozess*, falls

$$\mathbf{E}[f(X_{T+t})I_{\{T<\infty\}} \mid \mathcal{F}_{T+}] = P^t f(X_T)I_{\{T<\infty\}} \text{ f.s.} \qquad (5.14)$$

für jede $\mathbb{F}^+$-Stoppzeit T und für $f \in \mathcal{M}_b$, $t \geq 0$ gilt.

Dies ist die *starke Markoveigenschaft*. Im Spezialfall $T = s$ mit einer reellen Zahl $s \geq 0$ lautet sie

$$\mathbf{E}[f(X_{s+t}) \mid \mathcal{F}_{s+}] = P^t f(X_s) \text{ f.s.}$$

Dies bedeutet, dass X nicht nur bezüglich $\mathbb{F}$, sondern auch bezüglich $\mathbb{F}^+$ ein Markovprozess ist. Man kann dann immer die Filtration $\mathbb{F}$ durch $\mathbb{F}^+$ ersetzen. Anders ausgedrückt kann man fordern, dass $\mathbb{F}$ rechtstetig ist, d. h., $\mathbb{F}^+ = \mathbb{F}$ gilt. Dies ist eine der beiden „üblichen Hypothesen", die man normalerweise für Markovprozesse trifft. Die andere besagt, dass $\mathcal{F}_0$ „vollständig" ist und damit alle Nullereignisse enthält. Sie spielt in der fortgeschrittenen Theorie der stochastischen Prozesse eine Rolle.

Nicht jeder Markovprozess besitzt die starke Markoveigenschaft.

Beispiel
Sei T eine exponentialverteilte Zufallsvariable. Setze

$$X_t := \max(0, t - T), \quad t \geq 0.$$

Dann ist $X = (X_t)$ ein stochastischer Prozess mit Werten in $S = [0, \infty)$. Die Pfade sind zunächst konstant gleich 0 und wachsen ab dem Zeitpunkt T mit Steigung 1. Als Filtration wählen wir $\mathcal{F}_t := \sigma(X_s, s \leq t)$, die von X erzeugte Filtration. Die Übergangshalbgruppe ist

$$P^t f(a) = \begin{cases} f(a + t) & \text{für } a > 0, \\ \mathbf{E}[f(t - T); T < t] + f(0)\mathbf{P}(T \geq t) & \text{für } a = 0. \end{cases}$$

Angesichts der Gedächtnislosigkeit einer exponentialverteilten Zufallsvariablen ist X ein $\mathbb{F}$-Markovprozess. Er hat aber nicht die starke Markoveigenschaft: T ist wegen $\{T < t\} = \{X_t > 0\}$ eine $\mathbb{F}^+$-Stoppzeit, und es gilt für $t > 0$ und strikt monotones f

$$\mathbf{E}[f(X_{T+t}) \mid \mathcal{F}_{T+}] = f(t) \neq P^t f(0) = P^t f(X_T).$$

Also ist X nicht stark Markovsch. – Übrigens ist X sogar ein $\mathbb{F}^+$-Markovprozess. Es gilt nämlich $\mathcal{F}_t = \sigma(T \cdot I_{\{T<t\}})$ und $\mathcal{F}_{t+} = \sigma(T \cdot I_{\{T\leq t\}})$, sodass sich die beiden Teilfelder nur um Nullereignisse und deren Komplementärereignisse unterscheiden.

Wir betrachten nun eine Klasse von Markovprozessen, die die starke Markoveigenschaft besitzen.

Definition

Sei $\mathbb{F} = (\mathcal{F}_t)_{t\geq 0}$ eine Filtration, und sei X ein $\mathbb{F}$-Markovprozess mit Übergangshalb-gruppe (P^t) und Werten im metrischen Raum S. Dann heißt X ein *Fellerprozess*[4], falls für jede stetige, beschränkte Funktion $g : S \to \mathbb{R}$ auch $P^t g$ stetig ist für alle $t \geq 0$.

Ein Beispiel für einen Fellerprozess ist die Brownsche Bewegung.

Satz 5.2 *Jeder Fellerprozess X ist ein starker Markovprozess.*

Beweis Es reicht aus, die starke Markoveigenschaft (5.14) für stetige, beschränkte $g : S \to \mathbb{R}$ zu zeigen. Sei $t > 0$. Zunächst diskretisieren wir den Zeitparameter. Wie schon in (3.4) setzen wir für natürliche Zahlen $m, n \geq 1$

$$T_m := \frac{n}{m}t \quad \text{auf dem Ereignis } \left\{\frac{n-1}{m}t \leq T < \frac{n}{m}t\right\}, \quad n = 1, 2, \dots$$

Wegen $\{T_m \leq \frac{n}{m}t\} = \{T < \frac{n}{m}t\}$ ist T_m eine Stoppzeit für die Markovkette $X_{nt/m}$, $n = 0, 1, \dots$, deren Zustandsraum S nun nicht notwendigerweise diskret ist. Ganz wie in Satz 3.4 und den sich anschließenden Bemerkungen ist dann auch $X_{T_m + nt/m}$, $n = 0, 1, \dots$ eine Markovkette. Diese hat die Einschritt-Übergangswahrscheinlichkeit $P_{t/m}(a, dx)$. Es folgt für $n \geq 0$

$$\mathbf{E}\big[g(X_{T_m+nt/m})I_{\{T<\infty\}} \mid \mathcal{F}_{T_m}\big] = P^{nt/m}g(X_{T_m})I_{\{T<\infty\}} .$$

Sei nun $E \in \mathcal{F}_{T+}$ und folglich $E \in \mathcal{F}_{T_m}$. Für $n = m$ ergibt sich

$$\mathbf{E}[g(X_{T_m+t}); T < \infty, E] = \mathbf{E}[P^t g(X_{T_m}); T < \infty, E].$$

Es gilt $T_m \downarrow T$ f.s. und, da X f.s. càdlàg-Pfade besitzt, auch $X_{T_m} \to X_T$ f.s. Für stetiges g ist bei einem Fellerprozess auch $P^t g$ stetig. Nach dem Satz von der dominierten Konvergenz folgt mit $m \to \infty$

$$\mathbf{E}[g(X_{T+t}); T < \infty, E] = \mathbf{E}[P^t g(X_T); T < \infty, E].$$

Dies ergibt die Behauptung.   □

Wir beschließen den Abschnitt mit einer Stetigkeitsaussage für Fellerprozesse, deren Be-deutung wir im nächsten Abschnitt erkennen werden.

---

[4] WILLIAM FELLER, *1906 in Zagreb, †1970 New York. Mathematiker mit fundamentalen Arbei-ten zur Wahrscheinlichkeitstheorie und insbesondere zur Theorie der stochastischen Prozesse. Sein zweibändiges Lehrbuch *An Introduction to Probability and its Applications* von 1950 und 1966 prägt die Stochastik bis in die Gegenwart. Feller war von 1928 bis 1933 Dozent in Kiel. Nach seiner Flucht aus Deutschland wurde er schließlich nach Princeton berufen.

Lemma 5.3 *Für einen Fellerprozess X ist bei festem $a \in S$ für stetiges, beschränktes g die Abbildung $t \mapsto P_t g(a)$ stetig.*

Beweis Da X f.s. càdlàg-Pfade besitzt, gilt für stetiges, beschränktes g

$$\lim_{s \downarrow t} P^s g(a) = \mathbf{E}_a[g(X_t)] \quad \text{und} \quad \lim_{s \uparrow t} P^s g(a) = \mathbf{E}_a[g(X_{t-})] . \tag{5.15}$$

Insbesondere ist $t \mapsto P^t g(a)$ in $t = 0$ stetig. Wir zeigen, dass im Fall $t > 0$ die beiden Grenzwerte gleich sind. Seien $s, h > 0$. Dann gilt

$$\mathbf{E}_a[g(X_{h+s})] = \mathbf{E}_a[P^h g(X_s)] .$$

Nach der Fellereigenschaft ist mit g auch $P^h g$ stetig. Da X f.s. càdlàg-Pfade hat, folgt mit $s \uparrow t$

$$\mathbf{E}_a[g(X_{(h+t)-})] = \mathbf{E}_a[P^h g(X_{t-})] .$$

Nun lassen wir $h \downarrow 0$ gehen. Da wir schon wissen, dass $h \mapsto P^h g(a)$ in $h = 0$ stetig ist, erhalten wir, wieder aufgrund der càdlàg-Eigenschaft,

$$\mathbf{E}_a[g(X_t)] = \mathbf{E}_a[g(X_{t-})].$$

Dies ergibt die Behauptung.   □

5.4 Generatoren*

Die Verteilung eines Markovprozesses X ist durch die Startverteilung ρ und die Übergangshalbgruppe P bzw. die Übergangswahrscheinlichkeiten $P_t(a, B)$ festgelegt. Dies erkennt man an der Formel

$$\mathbf{P}(X_{s_1} \in B_1, \dots, X_{s_k} \in B_k) = \int \rho(dx_0) \int_{B_1} P_{t_1}(x_0, dx_1) \cdots \int_{B_{k-1}} P_{t_k}(x_{k-1}, B_k)$$

mit Borelmengen $B_1, \dots, B_k \subset S$, $0 \le s_1 < \cdots < s_k$, $t_1 = s_1$ und $t_i = s_i - s_{i-1}$, $2 \le i \le k$. Allerdings lässt sich die Übergangshalbgruppe nur in Ausnahmefällen explizit angeben. Deswegen charakterisiert man sie oft durch ihren Generator. Im Fall eines endlichen Zustandsraumes haben wir Generatoren von Markovprozessen bereits kennengelernt. Nun behandeln wir zunächst Fellerprozesse, um dann abschließend die Überlegungen auf allgemeine Markovprozesse zu übertragen.

Für Fellerprozesse ist es günstig, die Operatoren P^t auf den Vektorraum $\mathcal{C}_b = \mathcal{C}_b(S)$ der stetigen, beschränkten Funktionen $g : S \to \mathbb{R}$ einzuschränken:

$$P^t : \mathcal{C}_b \to \mathcal{C}_b .$$

Die Fellereigenschaft besagt ja gerade, dass mit $g \in \mathcal{C}_b$ auch $P^t g \in \mathcal{C}_b$ gilt.

Für $g \in \mathcal{C}_b$ ist $P^t g(a)$ nach Lemma 5.3 sowohl in a als auch in t stetig. Es ist dann auch

$$r(a) := \int_0^\infty q(u) P^u g(a) \, du$$

stetig, mit einer integrierbaren Funktion $q(u), u \geq 0$. Dies folgt mit dominierter Konvergenz, da der Integrand durch die integrierbare Funktion $|q(u)| \cdot \sup |g|$ dominiert ist. Insgesamt erhalten wir einen linearen Operator

$$\int_0^\infty q(u) P^u \, du : \mathcal{C}_b \to \mathcal{C}_b , \quad g \mapsto r = \int_0^\infty q(u) P^u g(\cdot) \, du .$$

Der Satz von Fubini ergibt $\mathbf{E}_a[r(X_t)] = \int_0^\infty \mathbf{E}_a[q(u) P^u g(X_t)] \, du$ bzw.

$$P^t r(a) = \int_0^\infty q(u) P^{t+u} g(a) \, du .$$

Wir definieren nun den Generator der Halbgruppe. Wir sagen, dass Funktionen $f_h \in \mathcal{M}_b, h > 0$, für $h \to 0$ *beschränkt konvergieren* mit Grenzwert $f \in \mathcal{M}_b$, falls die Funktionen punktweise gegen f konvergieren und falls es eine Konstante $c < \infty$ gibt, sodass $\sup |f_h| \leq c$ für ausreichend kleines h gilt. Wir schreiben dann

$$f_h \overset{b}{\to} f \text{ für } h \downarrow 0.$$

Definition

Der *Generator* (*infinitesimale Erzeuger*) der Halbgruppe $P = (P^t)_{t \geq 0}$ eines Fellerprozesses ist definiert als der lineare Operator $Q : \mathcal{D} \to \mathcal{C}_b$ mit Definitionsbereich

$$\mathcal{D} := \left\{ f \in \mathcal{C}_b : \text{es gibt ein } g \in \mathcal{C}_b \text{ mit } \tfrac{1}{h}(P^h f - f) \overset{b}{\to} g \text{ für } h \downarrow 0 \right\}$$

und Werten

$$Qf(a) := \lim_{h \to 0} \frac{1}{h}\left(P^h f(a) - f(a)\right)$$

für alle $a \in S$.

Der Operator Q ist linear und erfüllt das *Maximumprinzip*, d. h., für $f \in \mathcal{D}$ und $a_0 \in S$ gilt

$$f(a) \le f(a_0) \text{ für alle } a \in S \quad \Rightarrow \quad Qf(a_0) \le 0 \,.$$

Der Beweis ergibt sich aus $P^h f(a_0) = \mathbf{E}_{a_0}[f(X_h)] \le f(a_0)$.

Beispiel (Brownsche Bewegung)
Für eine sBB W ist $X_t = W_t + a$, $t \ge 0$, ein Markovprozess mit Startpunkt a. Die Halbgruppe ist für $t > 0$ gegeben durch

$$P^t f(a) = \mathbf{E}[f(a + \sqrt{t}Z)] = \int_{-\infty}^{\infty} f(z) \frac{1}{\sqrt{2\pi t}} e^{-\frac{(z-a)^2}{2t}} \, dz$$

mit einer standard normalverteilten Zufallsvariablen Z. Offenbar handelt es sich um einen Fellerprozess.

Wir zeigen, dass eine Funktion $f : \mathbb{R} \to \mathbb{R}$, sofern beschränkt und 2-mal stetig differenzierbar mit beschränkter zweiter Ableitung, zum Definitionsbereich des Generators gehört. Dazu benutzen wir die Taylorentwicklung zweiter Ordnung

$$f(a + \sqrt{h}Z) = f(a) + f'(a)\sqrt{h}Z + \tfrac{1}{2}f''(a + U_h)hZ^2$$

mit $|U_h| \le \sqrt{h}Z$. Wegen $\mathbf{E}[Z] = 0$ folgt

$$\tfrac{1}{h}(P^h f - f)(a) = \tfrac{1}{2}\mathbf{E}[f''(a + U_h)Z^2] \,.$$

Dieser Ausdruck ist durch $\sup|f''|\mathbf{E}[Z^2]$ beschränkt, außerdem konvergiert der Erwartungswert für $h \to 0$ mittels dominierter Konvergenz gegen $\tfrac{1}{2}f''(a)$. Es folgt

$$\tfrac{1}{h}(P^h f - f) \overset{b}{\to} \tfrac{1}{2}f''$$

für $h \downarrow 0$. Da außerdem f'' in $\mathcal{C}_b$ liegt, gilt $f \in \mathcal{D}$ und

$$Qf = \tfrac{1}{2}f'' \,.$$

Satz 5.4 (Rückwärts- und Vorwärtsgleichungen) *Für $f \in \mathcal{D}$ ist $P^t f \in \mathcal{D}$, und es gilt*

$$\frac{d}{dt}P^t f = QP^t f = P^t Qf \,.$$

Beweis Es gilt

$$\frac{1}{h}(P^h P^t f(a) - P^t f(a)) = \mathbf{E}_a\left[\frac{P^h f(X_t) - f(X_t)}{h}\right] \,.$$

Wegen $f \in \mathcal{D}$ gilt für kleine $h > 0$ und ein $c > 0$

$$\left| \frac{P^h f(X_t) - f(X_t)}{h} \right| \le c \quad \text{und damit} \quad \left| \frac{1}{h}(P^h P^t f(a) - P^t f(a)) \right| \le c .$$

Mit dominierter Konvergenz folgt für $h \downarrow 0$

$$\frac{1}{h}(P^h P^t f(a) - P^t f(a)) \overset{b}{\to} \mathbf{E}_a[Qf(X_t)] = P^t Qf(a) .$$

Wegen $Qf \in \mathcal{C}_b$ und der Fellereigenschaft gilt auch $P^t Qf \in \mathcal{C}_b$. Es folgt also $P^t f \in \mathcal{D}$ und

$$QP^t f(a) = P^t Qf(a) .$$

Gehen wir weiter in

$$\int_0^t \frac{1}{h}(P^{u+h} f(a) - P^u f(a)) \, du = \frac{1}{h} \int_t^{t+h} P^u f(a) \, du - \frac{1}{h} \int_0^h P^u f(a) \, du$$

zum Grenzwert $h \downarrow 0$ über, so folgt

$$\int_0^t P^u Qf(a) \, du = P^t f(a) - f(a) , \tag{5.16}$$

rechts aufgrund der Stetigkeit von $P^t f(a)$ und links mittels dominierter Konvergenz, dabei beachte man, dass der linke Integrand dem Absolutbetrag nach für kleine $h > 0$ durch c beschränkt ist. Die Behauptung folgt nun durch Differenzieren nach t, denn nach Lemma 5.3 ist $P^t Qf(a)$ in t stetig. □

Mit dem Generator konstruieren wir nun Martingale.

Satz 5.5 *Sei $f \in \mathcal{D}$. Dann ist durch*

$$M_t := f(X_t) - \int_0^t Qf(X_u) \, du , \quad t \ge 0 ,$$

ein Martingal $M = (M_t)_{t \ge 0}$ gegeben. Umgekehrt: Sind $f, g \in \mathcal{C}_b$ derart, dass bei beliebigem Startwert durch $N_t := f(X_t) - \int_0^t g(X_u) \, du$, $t \ge 0$, ein Martingal gegeben ist, so gilt $f \in \mathcal{D}$ und $g = Qf$.

Beweis Aufgrund des Satzes von Fubini gilt für $s \le t$ und $E \in \mathcal{F}_s$

$$\mathbf{E}\left[\int_0^t Qf(X_u) \, du ; E \right] = \int_0^t \mathbf{E}[Qf(X_u) ; E] \, du$$

$$= \int_0^t \mathbf{E}[\mathbf{E}[Qf(X_u) \mid \mathcal{F}_s] ; E] \, du = \mathbf{E}\left[\int_0^t \mathbf{E}[Qf(X_u) \mid \mathcal{F}_s] \, du ; E \right] \quad \text{f.s.}$$

und daher mit Lemma 1.1 und der Markoveigenschaft

$$\mathbf{E}\Big[\int_0^t Qf(X_u)\,du \mid \mathcal{F}_s\Big] = \int_0^t \mathbf{E}\big[Qf(X_u) \mid \mathcal{F}_s\big]\,du$$
$$= \int_0^s Qf(X_u)\,du + \int_s^t P^{u-s}Qf(X_s)\,du \quad \text{f.s.}$$

Nach (5.16) folgt

$$\mathbf{E}\Big[\int_0^t Qf(X_u)\,du \mid \mathcal{F}_s\Big] = \int_0^s Qf(X_u)\,du + P^{t-s}f(X_s) - f(X_s)$$
$$= \int_0^s Qf(X_u)\,du + \mathbf{E}[f(X_t) \mid \mathcal{F}_s] - f(X_s) \quad \text{f.s.}$$

Dies ergibt die erste Behauptung.

Umgekehrt folgt aus der Eigenschaft, dass für $f, g \in \mathcal{C}_b$ die Zufallsvariablen N_t, $t \geq 0$, ein Martingal bilden, unter Verwendung des Satzes von Fubini

$$P^h f(a) - \int_0^h P^u g(a)\,du = \mathbf{E}_a[N_h] = \mathbf{E}_a[N_0] = f(a)\,.$$

Nach Lemma 5.3 ist $P^u g(a)$ in u stetig, außerdem gilt $\sup |P^u g| \leq \sup |g|$. Beides impliziert zusammen

$$\frac{1}{h}(P^h f - f) \xrightarrow{b} P^0 g = g$$

für $h \downarrow 0$. Dies beendet den Beweis. $\square$

Dieser Satz umfasst insbesondere die Sätze 3.12 und 3.13 über Brownsche Bewegungen. An der Martingalcharakterisierung des Generators orientiert sich ein wirkungsvoller Ansatz zur Konstruktion von Markovprozessen via „Martingalproblemen".

Abschließend klären wir die Frage, ob der Generator (wie im Fall endlicher Zustandsräume) die Halbgruppe (P^t) eindeutig bestimmt. Dies beweist man mithilfe der *Resolventen* $R_\lambda : \mathcal{C}_b \to \mathcal{C}_b$ der Halbgruppe, den linearen Operatoren

$$R_\lambda := \int_0^\infty e^{-\lambda u} P^u\,du\,, \quad \lambda > 0\,.$$

Lemma 5.6 *Für $\lambda > 0$ gilt $R_\lambda = (\lambda - Q)^{-1}$:*

(i) *Für $g \in \mathcal{C}_b$ ist $R_\lambda g \in \mathcal{D}$ und $(\lambda - Q)R_\lambda g = g$.*
(ii) *Für $f \in \mathcal{D}$ ist $Qf \in \mathcal{C}_b$ und $R_\lambda(\lambda - Q)f = f$.*

Damit erweist sich $\lambda I - Q$ als Bijektion zwischen $\mathcal{D}$ und $\mathcal{C}$, mit R_λ als ihre Inverse. Man schreibt

$$R_\lambda = (\lambda - Q)^{-1} \, .$$

Beweis (i) Für $g \in \mathcal{C}_b$ gilt

$$\frac{1}{h}(P^h R_\lambda g(a) - R_\lambda g(a)) = \frac{1}{h}\int_0^\infty e^{-\lambda u} P^h P^u g(a)\, du - \frac{1}{h}\int_0^\infty e^{-\lambda u} P^u g(a)\, du$$

$$= \frac{e^{\lambda h}-1}{h}\int_0^\infty e^{-\lambda u} P^u g(a)\, du - \frac{e^{\lambda h}}{h}\int_0^h e^{-\lambda u} P^u g(a)\, du \, .$$

Für $h \to 0$ konvergiert dieser Ausdruck gegen $\lambda R_\lambda g(a) - g(a)$. Auch folgt

$$\left|\frac{1}{h}(P^h R_\lambda g(a) - R_\lambda g(a))\right| \leq \frac{e^{\lambda h}-1}{\lambda h}\sup|g| + e^{\lambda h}\sup|g| \, ,$$

es handelt sich also um beschränkte Konvergenz. Schließlich ist mit g auch $R_\lambda g$ ein Element von $\mathcal{C}_b$, daher folgt insgesamt $R_\lambda g \in \mathcal{D}$ und $QR_\lambda g = \lambda R_\lambda g - g$ bzw.

$$(\lambda - Q)R_\lambda g = g \, .$$

(ii) Für $f \in \mathcal{D}$ ist definitionsgemäß $Qf \in \mathcal{C}_b$. Wie im Beweis von Satz 5.4 gilt $|h^{-1}(P^h P^u f(a) - P^u f(a)| \leq c$ für alle $u \geq 0$ und ausreichend kleines h. Nach dem Satz von der dominierten Konvergenz folgt also

$$R_\lambda Qf(a) = \lim_{h \to 0}\int_0^\infty e^{-\lambda u}\frac{P^h P^u f(a) - P^u f(a)}{h}\, du \, .$$

Indem wir P^h in der Gestalt von (5.12) mit dem Satz von Fubini aus dem Integral ziehen, folgt

$$R_\lambda Qf(a) = \lim_{h \to 0}\frac{P^h - I}{h}\int_0^\infty e^{-\lambda u} P^u f(a)\, du \, .$$

Nach (i) folgt wegen $f \in \mathcal{D} \subset \mathcal{C}_b$ nun $R_\lambda f \in \mathcal{D}$, und daher

$$R_\lambda Qf(a) = QR_\lambda f(a)$$

bzw. mit (i) $R_\lambda(\lambda - Q)f(a) = (\lambda - Q)R_\lambda f(a) = f(a)$. □

Das Lemma macht deutlich, wie reichhaltig $\mathcal{D}$ ist. Dies ermöglicht uns nun zu zeigen, dass die Lösungen der Vorwärtsgleichung (5.16) eindeutig sind. Wie auch schon früher fassen wir sie als eine Gleichung für die Verteilung ρ_t von X_t auf und schreiben sie als

$$\rho_t f = \rho_0 f + \int_0^t \rho_s(Qf)\, ds \, , \quad f \in \mathcal{D} \, ,$$

mit $\rho f := \int f \, d\rho$. Wir zeigen, dass ihre Lösung eindeutig durch die Startverteilung ρ_0 bestimmt ist. Es gilt nämlich

$$\lambda \int_0^\infty e^{-\lambda t} \rho_t f \, dt = \lambda \int_0^\infty e^{-\lambda t} \left(\rho_0 f + \int_0^t \rho_s(Qf) \right) ds \, dt$$

$$= \rho_0 f + \lambda \int_0^\infty \rho_s(Qf) \int_s^\infty e^{-\lambda t} \, dt \, ds$$

$$= \rho_0 f + \int_0^\infty e^{-\lambda s} \rho_s(Qf) \, ds$$

bzw. $\int_0^\infty e^{-\lambda t} \rho_t(\lambda f - Qf) \, ds = \rho_0 f$, $f \in \mathcal{D}$. Nach Lemma 5.6 folgt

$$\int_0^\infty e^{-\lambda t} \rho_t g \, ds = \rho_0(R_\lambda g), \quad g \in \mathcal{C}_b .$$

Für stetiges, beschränktes g ist $\rho_t g$ nach Lemma 5.3 eine in t stetige Funktion. Nach dem Eindeutigkeitssatz für Laplacetransformierte[5] folgt, dass $\rho_t g$ eindeutig durch $\rho_0(R_\lambda g)$, $\lambda > 0$, festgelegt ist. Nach Lemma 5.6 ist dann ρ_t eindeutig durch Q und die Startverteilung ρ_0 bestimmt. Insbesondere folgt nach (5.12)

Satz 5.7 *Zwei Halbgruppen* (P_1^t) *und* (P_2^t) *mit demselben Generator stimmen überein.*

Als Anwendung charakterisieren wir stationäre Verteilungen. Eine Anfangsverteilung π von X heißt *stationär*, falls die Verteilung von X_t unabhängig von $t \geq 0$ ist.

Satz 5.8 *Das W-Maß* π *ist genau dann eine stationäre Verteilung von X, wenn*

$$\int Qf \, d\pi = 0 \text{ für alle } f \in \mathcal{D} .$$

Beweis Für stationäres π gilt $\int P^t f \, d\pi = \mathbf{E}_\pi[f(X_t)] = \mathbf{E}_\pi[f(X_0)] = \int f \, d\pi$. Für $f \in \mathcal{D}$ ergibt sich daher durch beschränkte Konvergenz $\int Qf \, d\pi = 0$. Umgekehrt hat unter der angegebenen Bedingung die Vorwärtsgleichung die Lösung $\pi_t = \pi$, und deren Eindeutigkeit ergibt die Stationarität.   □

All diese Überlegungen lassen sich auf allgemeine Markovprozesse übertragen. Nun kann man die Operatoren P^t nicht mehr auf $\mathcal{C}_b$ einschränken, auch steht Lemma 5.3 nicht

---

[5] PIERRE-SIMON LAPLACE, *1749 Beaumont-en-Auge, †1970 Paris. Mathematiker und Physiker. Pionier der Himmelsmechanik und der Wahrscheinlichkeitstheorie. Er etablierte analytische Methoden, die bis heute von Bedeutung sind.

mehr zur Verfügung. Ersatzweise kann man sich des Vektorraums

$$\mathcal{V} := \{g \in \mathcal{M}_b : t \mapsto P^t g(a) \text{ ist für alle } a \in S \text{ eine càdlàg-Funktion}\}$$

bedienen. Nach (5.15) gilt $\mathcal{C}_b \subset \mathcal{V}$. Aufgrund der Halbgruppeneigenschaft ist mit $g \in \mathcal{V}$ auch $P^t g \in \mathcal{V}$. Zudem gehört mit $g \in \mathcal{V}$ und integrierbarem q die Funktion $h(a) := \int_0^\infty q(u) P^t g(a)\, du$ zu $\mathcal{V}$, sodass sich lineare Operatoren

$$\int_0^\infty q(u) P^u\, du : \mathcal{V} \to \mathcal{V}$$

ergeben. Nun kann man wie bei den Fellerprozessen verfahren. In der Definition des Generators ersetzt man $\mathcal{C}_b$ durch den Vektorraum $\mathcal{V}$ (was den Definitionsbereich im Fellerfall eventuell vergrößert), dasselbe gilt für die Resolventen. Die oben abgeleiteten Lemmata lassen sich erneut beweisen, bis aus eine geringfügige Einschränkung: Da $P^t g(a)$ für $g \in \mathcal{V}$ nun im Allgemeinen in t nur noch càdlàg ist, kann man (5.16) auch nur noch von rechts bzw. links nach t differenzieren. Nur für die rechtsseitigen Ableitungen ergibt sich

$$\frac{d^+}{dt} P^t f = Q P^t f = P^t Q f, \quad f \in \mathcal{D},$$

über die linksseitigen Ableitungen sind keine weiteren Aussagen möglich. Für die nachfolgenden Überlegungen bleibt dies aber folgenlos.

5.5 Aufgaben

1. Sei $X = (X_t)_{t \geq 0}$ ein Geburts- und Todesprozess auf $S = \mathbb{N}_0$ ohne Explosion und mit Sprungraten $\lambda_a > 0$, $a \in S$, und sei $Z = (Z_n)_{n \geq 0}$ die eingebettete Markovkette.

(i)   Ein Zustand $a \in S$ heißt rekurrent, falls (wie bei Markovketten) X bei Start in a f.s. nach a zurückkehrt, und andernfalls transient. Zeigen Sie: a ist genau dann rekurrent für X, wenn a ein rekurrenter Zustand der Markovkette Z ist.

(ii) Für ein Maß $\mu = (\mu_a)_{a \in S}$ (mit endlichen Gewichten und möglicherweise unendlicher Gesamtmasse) definieren wir das Maß $\tilde{\mu} = (\tilde{\mu}_a)_{a \in S}$ durch die Gleichung $\tilde{\mu}_a = \lambda_a \mu_a$, $a \in S$. μ heißt invariant für X, falls die Gleichung $\mu Q = 0$ erfüllt ist. Zeigen Sie: $\tilde{\mu}$ ist genau dann invariantes Maß für Z, wenn μ invariantes Maß für X ist.

(iii) Zeigen Sie: Für eine stationäre Verteilung π (der Gesamtmasse 1) von X ist $\tilde{\pi}$ im Allgemeinen keine stationäre Verteilung für Z, auch nicht nach einer Umnormierung. Umgekehrt: Für eine stationäre Verteilung $\tilde{\pi}$ von Z ist π im Allgemeinen keine stationäre Verteilung für X.

2 Yuleprozess. Wir betrachten den reinen Geburtsprozess $(X_t)_{t \geq 0}$ mit Sprungraten $\gamma_a = \gamma a$, $a \in \mathbb{N}_0$ und $\gamma > 0$. Zeigen Sie: X_t ist geometrisch verteilt mit Parameter $e^{-\gamma t}$.

   Hinweis: Benutzen Sie das Beispiel 2 am Ende von Abschn. 4.2 über Maxima von unabhängigen, exponentialverteilten Zufallsvariablen.

3. Sei $(X_t)_{t\geq 0}$ der in Beispiel 2 in Abschn. 5.2 betrachtete Geburts- und Todesprozess mit den Raten $\gamma_a = \gamma a$ und $\delta_a = \delta a$. Stellen Sie für $\mathbf{P}_a(X_t = 0)$ die Rückwärtsgleichung auf und leiten Sie daraus eine Differentialgleichung für $\varphi(t) := \mathbf{P}_1(X_t = 0)$ her. (Verwenden Sie die Beziehung $\mathbf{P}_2(X_t = 0) = \mathbf{P}_1(X_t = 0)^2$.) Bestimmen Sie $\varphi(t)$ im Fall $\gamma = \delta$.

4. Seien e_1 und e_2 die kanonischen Einheitsvektoren in $\mathbb{Z}^2$. Für beschränktes $f : \mathbb{Z}^2 \to \mathbb{R}$ und $a \in \mathbb{Z}^2$ schreiben wir

$$\Delta f(a) = f(a + e_1) + f(a - e_1) + f(a + e_2) + f(a - e_2) - 4f(a)$$

(„diskreter Laplaceoperator") und

$$\nabla_{e_1} f(a) = f(a + e_1) - f(a)$$

(„diskrete Richtungsableitung"). Seien weiter $b, \sigma^2 > 0$. Finden Sie die Sprungraten eines Markovprozesses $(X_t)_{t\geq 0}$ auf $\mathbb{Z}^2$, sodass

$$u(a, t) := \mathbf{E}_a[f(X_t)], \quad a \in \mathbb{Z}^2, \; t \geq 0,$$

die Rückwärtsgleichung

$$\frac{\partial}{\partial t} u = \left(\frac{\sigma^2}{2} \Delta + b \nabla_{e_1} \right) u$$

erfüllt.

5. Sei X ein starker Markovprozess zur Filtration $\mathbb{F} = (\mathcal{F}_t)_{t\geq 0}$ und T eine f.s. endliche $\mathbb{F}^+$-Stoppzeit. Definiere die Filtration $\tilde{\mathbb{F}} = (\tilde{\mathcal{F}}_u)_{u\geq 0}$ durch $\tilde{\mathcal{F}}_u := \mathcal{F}_{(u+T)+}$. Beweisen Sie:

(i) Ist U eine $\tilde{\mathbb{F}}^+$-Stoppzeit, so ist $T + U$ eine $\mathbb{F}^+$-Stoppzeit und $\tilde{\mathcal{F}}_{U+} \subset \mathcal{F}_{(T+U)+}$.
   Hinweis: Zeigen und nutzen Sie $\{T + U < t\} = \bigcup_{u\in\mathbb{Q}^+}\{U < u\} \cap \{u + T < t\}$.

(ii) $\tilde{X} = (X_{u+T})_{u\geq 0}$ ist ein starker $\tilde{\mathbb{F}}$-Markovprozess.

6 Ornstein-Uhlenbeck-Prozess. Sei X ein zentrierter gaußscher Prozess mit Kovarianzfunktion $\mathbf{E}[X_s X_t] = e^{-|t-s|}$, $s, t \geq 0$. Zeigen Sie, dass X markovsch ist mit Übergangswahrscheinlichkeiten

$$P^t f(a) = \mathbf{E}[f(Y)] \quad \text{mit } Y \stackrel{d}{=} N(ae^{-t}, 1 - e^{-2t}).$$

Hinweis: Zur Berechnung der „Prognose" $\mathbf{E}[f(X_t) \mid X_u, u \leq s]$ zerlegen Sie X_t in die Summanden $e^{-(t-s)}X_s$ und $X_t - e^{-(t-s)}X_s$, und untersuchen Sie $X_t - e^{-(t-s)}X_s$ und $(X_s, X_{u_1}, \ldots, X_{u_k})$ für $u_1 < \cdots < u_k < s < t$ auf Unabhängigkeit.

7. Sei $X = (X_t)_{t\geq 0}$ ein zentrierter gaußscher Prozess mit einer Kovarianzfunktion der Gestalt $\mathbf{E}[X_s X_t] = \varphi(|t - s|)$, $s, t \geq 0$; X ist also stationär. Welche Bedingung muss φ erfüllen, damit X Markovsch ist?
   Hinweis: Bestimmen Sie $a, b \in \mathbb{R}$ so, dass $X_t - (aX_u + bX_s)$ für $u < s < t$ unabhängig von (X_u, X_s) ist. Welche Bedingung ist dann an a zu stellen?

8. Sei X ein f.s. explodierender Geburts- und Todesprozess auf $\mathbb{N}_0$ mit Zeitpunkt σ_∞ der Explosion. Wir betrachten X als Prozess auf $S := \mathbb{N}_0 \cup \{\infty\}$, indem wir $X_t = \infty$ für $t \geq \sigma$ setzen.

(i) Geben Sie eine Metrik auf S an, mit der X càdlàg-Pfade bekommt, und bestimmen Sie alle stetigen, beschränkten Funktionen $f : S \to \mathbb{R}$.

(ii) Zeigen Sie, dass dann X ein Fellerprozess ist.

9. Beweisen Sie die Resolventengleichung $R_{\lambda_1} - R_{\lambda_2} = (\lambda_1 - \lambda_2) R_{\lambda_1} R_{\lambda_2}$ für $\lambda_1, \lambda_2 > 0$.

10. Der Generator der sBB:

(i) Sei $g : \mathbb{R} \to \mathbb{R}$ stetig, beschränkt und $\lambda > 0$. Zeigen Sie, dass

$$f(a) := \int_{-\infty}^{\infty} g(x) \frac{1}{\sqrt{2\lambda}} e^{-\sqrt{2\lambda}|x-a|} \, dx$$

zweimal stetig differenzierbar ist und der Gleichung $\lambda f - \frac{1}{2} f'' = g$ genügt.

(ii) Zeigen Sie: Der Generator der sBB ist $Gf = \frac{1}{2} f''$. Der Definitionbereich besteht aus allen beschränkten, zweimal stetig differenzierbaren Funktionen mit beschränkter zweiter Ableitung, und die zugehörigen Resolventen sind

$$R_\lambda g(a) = \int_{-\infty}^{\infty} g(x) \frac{1}{\sqrt{2\lambda}} e^{-\sqrt{2\lambda}|x-a|} \, dx \, .$$

11 Absorbierte Brownsche Bewegung. Sei W eine sBB. Die Brownsche Bewegung mit Start in $a \geq 0$ und Absorption in 0 ist durch $X_t := a + W_{t \wedge T}$, $t \geq 0$, mit $T := \min\{t \geq 0 : W_t = -a\} = \min\{t \geq 0 : X_t = 0\}$ gegeben. Zeigen Sie:

(i) X ist ein Fellerprozess auf $\mathbb{R}_+$ mit Übergangswahrscheinlichkeiten

$$\mathbf{P}_a(X_t \in B) = \mathbf{P}(a + W_t \in B) - \mathbf{P}(a + W_t \in -B)$$

für $a \geq 0$ und messbares $B \subset (0, \infty)$. Hinweis: Spiegelungsprinzip.

(ii) Der Generator von X ist gegeben durch $Gf = \frac{1}{2} f''$. Der Definitionsbereich besteht aus allen beschränkten, zweimal stetig differenzierbaren Funktionen $f : \mathbb{R}_+ \to \mathbb{R}$ mit beschränkter zweiter Ableitung und $f''(0) = 0$.

Hinweis: Man kann ohne Einschränkung $f(0) = 0$ annehmen. Es gilt die Formel

$$P^t f(a) = Q^t g(a) \, ,$$

wobei (Q^t) die Übergangshalbgruppe der sBB ist, und die Funktion g durch $g(x) := f(x)$ für $x \geq 0$ sowie $g(x) := -f(-x)$ für $x < 0$ gegeben ist.

12 Reflektierte Brownsche Bewegung. Sei W eine sBB. Die Brownsche Bewegung mit Start in $a \geq 0$ und Reflexion in 0 ist durch $X_t := |a + W_t|$, $t \geq 0$, gegeben. Zeigen Sie: X ist ein Fellerprozess auf $\mathbb{R}_+$ mit Übergangswahrscheinlichkeiten

$$\mathbf{P}_a(X_t \in B) = \mathbf{P}(a + W_t \in B) + \mathbf{P}(a + W_t \in -B)$$

für messbares $B \subset (0, \infty)$. Der Generator ist $Gf = \frac{1}{2} f''$, sein Definitionsbereich besteht aus allen beschränkten, zweimal stetig differenzierbaren Funktionen f auf $\mathbb{R}_+$ mit beschränkter zweiter Ableitung und $f'(0) = 0$.

Literatur

[Be]   J. Bertoin, *Lévy Processes* (Cambridge University Press, 1988)

[BroKe]   M. Brokate, G. Kersting, *Maß und Integral* (Birkhäuser, 2011)

[Du]   R. Durrett, *Essentials of Stochastic Processes*, 2. Aufl. (Springer, 2012)

[GrSt]   G. Grimmett, D. Stirzaker, *Probability and Random Processes*, 3. Aufl. (Oxford University Press, 2001)

[Ka]   O. Kallenberg, *Foundations of Modern Probability*, 2. Aufl. (Springer, 2002)

[KeWa]   G. Kersting, A. Wakolbinger, *Elementare Stochastik*, 2. Aufl. (Birkhäuser, 2010)

[Ki]   J.F. Kingman, *Poisson Processes* (Oxford University Press, 1992)

[Kl]   A. Klenke, *Wahrscheinlichkeitstheorie* (Springer, 2006)

[LePeWi] D.A. Levin, Y. Peres, E.L. Wilmer, *Markov Chains and Mixing Times* (American Mathematical Society, 2008)

[Li]   T.M. Liggett, *Continuous Time Markov Processes: An Introduction* (American Mathematical Society, 2010)

[MoePe]   P. Mörters, Y. Peres, *Brownian Motion* (Cambridge University Press, 2010)

[No]   J.R. Norris, *Markov Chains* (Cambridge University Press, 1998)

[Wi]   D. Williams, *Probability with Martingales* (Cambridge University Press, 1991)

G. Kersting, A. Wakolbinger, *Stochastische Prozesse*, Mathematik Kompakt,
DOI 10.1007/978-3-7643-8433-3, © Springer Basel 2014

Sachverzeichnis

Printed in the United States
By Bookmasters